Buddhism for Pet Lovers

추천의 말

『나의 반려동물도 나처럼 행복할까』는 우리 동물 친구들에 대한 자비로 가득한 아름다운 책이다. 이 생에서 인간으로 태어나지 못한 존재들을 보살피는 것으로 우리는 불교의 육바라밀(six perfections of Buddhism-불교의 여섯 가지 구극의 상태: 보시generosity, 지계 ethics, 인욕patience, 정진perseverance, 선정meditation, 반야wisdom-옮긴이)을 제대로 수행할 수 있다. 반려동물은 소중한 다르마[Dharma, 법(法)] 친구이자 스승이다

- 자셉 툴쿠 린포체(Acharya Zasep Tulku Rinpoche), '가덴 포 더 웨스트(Gaden for the West)'의 영적 지도자이며『캐나다에서 티베트까지 툴쿠의 여정(A Tulku's Journey from Tibet to Canada)』의 저자

스토리텔러 데이비드 미치가 이번에는 자신의 동물에 대한 깊은 사랑과 대안적 에너지 치유에 대한 범상치 않은 안목을 불교 철학과 접목시켜 도저히 눈을 뗄 수 없는 훌륭한 책을 한 권 써냈다. 불교, 명상, 레이키(reiki, 영적 에너지-옮긴이), 대안적 치유, 호스피스에 대한 지식이 없더라도 동물을 깊이 사랑하는 사람이라면 분명 좋아할 책이다

- 게일 포프(Gail Pope), 동물 구조·호스피스·대안 교육을 위한 '브라이트 해븐 센터(Brighthaven Center)' 설립자

경이롭기 그지없는 우리 동물 친구들을 매일 매 순간 정성스럽게 보살피는 데 도움이 될 참신하고 유익한 안내서이다. 우리와 일상을 함께 보내는 반려동물뿐만 아니라 세상 모든 동물들의 진가를 다시 한 번 발견하게 하는 보석과도 같은 책이다. 사랑한다면 그들 삶의 순간순간에 온 마음으로 함께하고 정성을 다해 보살펴주자. 그보다 더 위대한 선물은 없다!

– 캐슬린 프라사드(Kathleen Prasad), 『말과 함께하는 마음(Heart to heart with Horses), 『모든 동물의 레이키(Everything Animal)』의 저자

동물을 사랑하는 사람들은 다 안다. 우리 반려동물들이 얼마나 예민한 친구들이며 그래서 얼마나 소중한지를. 반려동물과의 그런 말없는 연대를 이 책이 더욱 심화해줄 것이다. 그 연대는 반려동물의 소중한 생명이 다해갈 때 그 어느 때보다 중요해진다

– 캐롤린 트레더웨이(Carolyn Trethewey), 애니멀 레이키 수행자이자 '퍼즈 에이치큐(Pause HQ)'의 창립자

한국어판 추천의 말

동물을 대하는 티베트인들의 자세는 매우 놀랍다. 봄 농사 시작 전에 불경을 외우며 앞으로 쟁기질을 할 터이니 자리를 피하라는 경고를 주고, 탑돌이를 하면 업장이 녹는다는 믿음 속에 자신이 키우는 염소와 함께 탑돌이를 하는 여인의 마음이, 아무자각 없이 일상에서 수없는 살생을 하는 우리에겐 매우 놀라운 풍경이 아닌가?

달라이 라마는 "인간이 행복을 누리고 고통을 피하려는 것과 마찬가지로 모든 동물도 그러하다."라고 늘 말씀하신다. 서양인이지만 티베트 불교수행을 오래 해온 저자에게 동물은 더 이상 인간과 동물로 이분화 되는 존재가 아니다. 서로의 삶을 이끌어주고 성장시켜주는 소중한 도반인 것이다.

개 고양이 앵무새 코끼리 물고기 등 다양한 동물이 인간의 감정을 이해하고 위로해주는 장면, 말과 행동이 아닌 어떤 강한 교감으로 서로를 이해하는 사례들, 이 책에 등장하는 감동적인 이야기는 인간과 동물이 똑같은 '마음'을 가진 존재로서 감정적 연대가 가능함을 알게 한다.

이 책은 반려동물이 죽으면 어떻게 될까에 대한 궁금증이 많은 독자에게도 큰 이해와 위안을 주고, 지금 내 곁에 있는 소중한 반려동물과 더 깊고 풍성한 시간을 보내기 위한 구체적인 조언도 들어 있다. 채식이나 일상에서 만나는 벌레들에 대한 대응 등 구체적인 질문에 대한 답이 들어있는 것도 인상적이다.

동물에 대한 나의 인식이 한 뼘 더 성장하는 데 큰 도움을 줄 수 있는 책이라 많은 분들에게 추천하고 싶다. 우리의 반려동물이 정말 우리에게 원하는 것이 무엇일지 생각해본 사람이라면 이 책에서 그 답을 찾을 수 있을 것이다.

– 임순례[영화감독, (사)동물권행동 카라 대표]

데이비드 미치 지음 ― 추미란 옮김

나의
반려동물도
나처럼
행복할까

반려동물이 진짜 원하는
행복과 죽음,
그리고 함께 성장하는 법

불광출판사

낮은 위치로 태어난 우리의 동무, 동물 친구들을 해치지 않는 것 그것이 그들에 대한 우리의 첫 번째 의무이다. 물론 그것만으로는 부족하므로 그들이 필요로 할 때마다 시중도 들어줘야 한다. 이것이 그들에 대한 수승한 임무이다. 신의 창조물이라면 모두 자비의 피난처에 거할 수 있어야 한다. 그렇지 않다고 생각하는 사람이 있다면 그 사람은 인간에게조차 무자비할 것이다

- 아시시의 성 프란체스코

인간은…… 자아 그리고 자신의 생각과 느낌을 나머지 세상과 분리된 것으로 경험한다. 이것은 우리 의식이 저지르는 일종의 시각적 착각이다. 이 망상이 감옥처럼 우리를 몇몇 가까운 사람에 대한 개인적 욕망과 애정 속에 가둬버린다. 모든 살아 있는 존재들, 그 아름다운 존재들의 본성을 이해하려고 끊임없이 노력하고 자비를 보이는 것으로 이 감옥에서 벗어나는 것이 우리의 과제가 되어야 한다.

- 알베르트 아인슈타인

자신이나 가까운 사람들만의 안녕을 위해 편협하게 노력하는 것이 아니라 세상 모든 의식적 존재들에 대한 사랑과 자비를 키울 때 진정으로 행복할 수 있다.

- 달라이 라마

헌사

나의 다르마 스승들, 게세 아차리야 툽텐 로덴(Geshe Acharya Thubten Loden, The Tibetan Buddhist Society의 창단자), 레스 쉬이(Les Sheehy, The Tibetan Buddhist Society in Perth의 책임자), 아차리야 자셉 툴쿠 린포체(Acharya Zasep Tulku Rinpoche, Gaden for the West의 창단자)에게 이 책을 바친다. 이분들에게 진심으로 감사한다. 스승들의 도움이 있었기에 이 책을 쓸 수 있었다. 이분들은 내가 도저히 갚을 수 없을 정도의 친절을 몸소 보여주었다. 나와 같이 살면서 말할 수 없이 충만되고 즐겁고 흥미진진한 삶을 만들어준 내 수많은 반려동물들에게도 이 책을 바친다.

내 가장 친한 친구들 중에는 털이나 날개가 달린 친구들이 많았지만 그들이 그렇게 나와 달랐다고 해서 우리들 사이의 애정이나 연대가 얕았던 것은 결코 아니다. 이들이 좀 더 빨리 깨닫기 바라고 그 씨앗을 이 책이 심었기를 바란다. 그리고 이 책으로 사람들이 이 땅을 살아가는 다른 존재들의 의식에 좀 더 관심을 갖게 되기 바란다. 그리고 내가 대우받기 원하는 것처럼 다른 존재도 대우하라는 오래된 격언을 살아 있는 모든 창조물(특히 우리의 보살핌이 필요한 존재들)에게 확장하는 계기가 되기 바란다.

세상 모든 존재가 행복하고 나아가
행복의 진정한 원인을 찾게 되기를,

세상 모든 존재가 고통에서 벗어나고
나아가 고통의 진짜 원인에서 벗어나기를,

세상 모든 존재가 고통 없이 행복하게 살 권리를
절대 빼앗기지 않기를,

세상 모든 존재가 평화와 평정 안에 살고
집착, 혐오, 무관심에서 벗어나기를

기도합니다.

차례

일러두기

∞ 저자가 참고한 텍스트, 영상 자료에 대한 출처는 본문에 번호를 붙여 318~323
쪽에 밝혀 두었다.

∞ 본문에 거론되는 도서명은 한국어판으로 출간된 경우 외에도 내용의 이해를 돕
기 위해 우리말 제목으로 옮겼다.

나의 반려동물도 나처럼 행복할까

동물의 마음은 인간의 마음과 정말 그렇게 다를까? 함께 살아주는 것, 소셜미디어에 귀여운 사진으로 등장해주는 것, 산책할 때 옆에 있어주는 것…… 이런 것 외에도 우리 반려동물들에게도 살아야 할 다른 이유가 있지 않을까? 그리고 죽고 나면 어떻게 될까? 동물의 의식도 어떤 방식으로든 계속 이어질까? 만약 그렇다면 어떻게, 어디로 이어질까?

반려동물을 사랑하는 사람들은, 답을 알 수 없는 이런 질문들을 늘 마음 한편에 품고 살아간다. 이들에게는 반려동물이 가장 소중한 가족이기 때문이다. 매일 우리를 반겨주고, 늘 눈을 맞추고 만져주는 존재, 우리 삶에 깊숙이 들어와 있는 존재, 상처받고 힘들어하는 순간들을 조용히 지켜봐주는 존재들이 바로 우리 반려동물들이기 때문이다. 우리는 가장 소중한 휴식 시간을 집 안의 가구와 소지품들, 그리고 반려동물에 둘러싸여 보낸다. 심지어 반려동물이 옆에서 편안히 잘 수 있도록 밤새 쪼그리고 자는 사람도 많다.

우리는 반려동물과 함께 말없이도 통하는 멋진 의사소통 기술들을 하나씩 터득해간다. 그러다 보면 어느새 반려동물은 시키는 일도 척척 하고 우리가 같이 놀고 싶어 할 때, 힘들어할 때, 화를 낼 때, 사랑을 느낄 때 금방 알아차린다. 그렇게 몇 년이 지나면 깊은 유대감이 생긴다. 말없이도 서로를 잘 이해하게 된다. 이것은 그 어떤 다른 존재와도 느끼지 못할 강력한 교감이다. 이쯤 되면 그런 반려동물에게 일어나는 일은 그것이 무엇이든 정말 중요할 수밖에 없다.

어떤 사람에게는 반려동물에게 일어나는 일이 동료인 인간에게 일어나는 일보다 더 중요하고 그런 사람들이 점점 더 늘어나고 있다. 지난 25년 동안의 인구 동향을 보면 1인 가구 수가 급격하게 증가하는데 지금은 놀랍게도 세계적으로 그 수치가 30퍼센트에 다다르고 있다. 인구 동향 조사에서 당연히 반려동물 수치는 빠져 있다. 모르긴 몰라도 1인 가구 대다수가 개, 고양이, 새, 토끼, 물고기 같은 동물들과 실질적인 가족을 이루며 살고 있을 것이다. 나이 들고 병들어 죽을 때가 되면 인간의 보살핌을 필요로 하는, 바로 우리가 사랑하는 그 존재들 말이다. 하지만 인간도, 좀 더디기는 하지만, 언젠가는 그 똑같은 길을 걷게 된다.

그런 의미에서, 그리고 앞으로 살펴볼 또 다른 많은 중요한 이유에서 반려동물은 우리에게 주어진 가장 멋진 선물임에 틀림없다. 우리 동물 친구들에게 일어나는 일을 따라가다 보면 무엇보다 우리의 미래에 대한 답이 보일 것이기 때문이다. 동물에게 좋은 일을 해 가장 큰 혜택을 보는 쪽은 바로 우리 인간들이다.

이 책은 티베트 불교의 시각으로 반려동물 내면의 삶을 살펴볼 것이다. 그러므로 이 책은 우리 내면의 삶에 대한 책이기도 하다. 우리가 그렇듯 반려동물도 새로운 존재로 다시 태어날 능력을 충분히 갖춘, 생각하고 느낄 줄 아는 훌륭한 존재이다.

내 인생에서 기억에 떠오르는 가장 첫 번째 모습은 바로 우리 고양이 판디의 얼굴이다. 판디는 샴 고양이인데 내가 태어날 무렵에 우리 집으로 왔다. 내 형이 새로 태어날 동생을 질투할 것을 걱정했던 부모님이 내린 결정이었다. 판디는 참으로 사랑스러운 고양이였다. 고양이치고 21년이라는 긴 삶을 영위하며 내가 대학을 졸업할 때까지 우리와 함께했다. 부모님은 고양이뿐만 아니라 코기견도 좋아해서 나는 두 마리 코기견과 뒹굴고 놀며 학창 시절을 보냈다. 덕분에 나는 꽤 어릴 때부터 동물에 대한 애정이 깊었다. 나는 아직도 어릴 적 부모님 자동차 뒷좌석에서 울음을 터뜨렸던 그날을 어제 일처럼 기억한다. 그 주말, 우리 가족은 버려진 땅을 탐험했는데 그곳에는 가시철망으로 된 우리 안에 어찌나 말랐는지 가죽과 뼈만 남은 소들이 그득했다. 나는 도대체 인간이 얼마나 잔인하면 이런 일을 벌일까 생각했다.

어릴 적 나는 흰 토끼, 금빛 햄스터, 기니피그, 그리고 몇몇 생쥐에게 혼이 쏙 빠져 있었다. 물론 잊어버릴 만하면 한 번씩 그랬던 것이고 녀석들을 한꺼번에 키운 것은 아니다. 청소년기에는 내 어깨에 늘 앵무새가 앉아 있었다. 그때는 다행히도 판디의 사냥 본능이 사라진 뒤였다. 나는 아프리카 짐바브웨에서 자랐기 때문에 방학 때면 자주 자연보호구역을 방문했다. 국립공원의 사자와 치타 구역에서 자원 봉사도 했다. 그곳에서는 새끼 사자에게 우유를 먹이고,

어미 잃은 새끼 코끼리 목욕도 시켜줬다.

영화 〈닥터 두리틀〉에 나오는 두리틀 박사는 어린 나에게는 영웅이라기보다 오히려 롤 모델에 가까웠다. 나는 동물들과 대화하고 싶다는 당연한 바람을 가졌는데, 코끼리와 협상하고 침팬지와 수다를 떨고 싶었다. 제럴드 더렐, 제임스 해리엇이 쓴 책들은 죄다 독파했고 열여섯 살 때까지만 해도 수의사가 꿈이었다. 하지만 동네 동물병원에서 매일 어떤 일이 일어나는지 본 뒤로는 수의사가 되려면 내가 가진 것과는 전혀 다른 재능이 필요함을 깨달았다. 내 작가적 욕망을 털, 깃, 지느러미를 가진 존재들에게 유용한 쪽으로 이용해야겠다는 생각이 든 것은 그 한참 후였다.

살면서 이런저런 동물들과 풍성한 만남을 이어오는 동안 이들이 나와 다르다고 생각한 적은 한 번도 없었다. 이들도 나처럼 매일 밥을 먹고 물을 마시고 안락한 삶을 추구한다. 뭐든 힘든 일은 피하고 싶어 하는 것도 인간과 전혀 다를 게 없다. 그리고 이들도 우리처럼 애정을 주고받고 싶어 한다. 유별난 점이나 반항적인 구석이 있는 것도 인간이나 동물이나 마찬가지다. 우리가 기르던 앵무새 토토의 경우 늦은 오후가 되면 가끔 정원의 벚나무 위로 날아 올라가 맨 꼭대기 가지에 앉아서는 꿈쩍도 하지 않는 버릇이 있었다. 우리가 아무리 꾀어내도 들은 척도 안 했기 때문에 결국에는 테니스공을 던져(아주 살짝 던졌다) 겁을 줘야 아래로 내려오곤 했다.

동물들의 영혼은 어디로 갈까

반려동물이 죽을 때마다 나는 많이 슬펐고 동시에 여러 질문들을 던질 수밖에 없었는데 대답은 아무 데서도 얻지 못했다. 부모님이 장로교 교인이었기 때문에 나는 교회 목사님에게 버그스가 죽으면 어떻게 되는지 물어보았다. 버그스는 나에게 처음으로 가족의 죽음이 얼마나 슬픈 일인지 알게 해준 내 반려토끼였다. 친절한 목사님은 나를 안심시키려 애썼지만 별 효과는 없었다. 나는 버그스가 하늘나라에서 토끼를 사랑하는 천사들에 둘러싸여 우리 집에서처럼 쟁반에 예쁘게 채 썰어 담겨 나오는 배춧잎을 음미하고 있다는 말을 듣고 싶었다. 그리고 버그스가 하늘나라에서 행복하게 뛰어다니길 바랐다. 하지만 존경하는 목사님은 하나님이 자신의 모든 창조물을 잘 보살피고 계실 테니 염려하지 말라는, 어린 내가 이해하기에는 너무도 추상적이고 당혹스러운 말만 해주었다.

그런 당혹감은 커가면서 더 커졌고 나는 기독교 전통에는 동물의 내면의 삶에 대한 그 어떤 합의도 존재하지 않음을 알게 되었다. 합의는커녕 동물에게 영혼이 있느냐 없느냐 같은 아주 기본적인 문제에 대해서도 모순되고 모호한 입장들뿐이었다. '동물(animal)'이라는 용어 자체가 '영혼을 가진' 혹은 '숨을 쉬는'이라는 뜻의 라틴어 animalis에서 나왔다는 사실만 봐도 참 이상하고 역설적인 일이었다. 반항적인 십 대에 들어서는 누가 누구를 낳았는지에 대해서는 참 장황하게도 설명하는 구약성서가 동물들의 영성에 대해서는 왜 한두 페이지도 할애하지 않았는지 참 궁금했다. 지구에 존재하는 생명체의 대다수를 차지하는 게 우리 동물들인데 참 이상하지 않은가?

종교에서 답을 찾을 수 없다면 학문은 어떨까? 서양의 위대한 지성들은 이 중요한 문제에 대해 어떤 의견들을 내놓았을까? 결론적으로 말하면 그다지 할 말이 없었던 것 같다. 서양 학문의 역사는 대체로 측정 가능한 외부 세상에 초점을 맞춰왔고, 아주 최근에 와서야 의식으로 그 궁금증을 확산하고 있다. 게다가 지난 2백 년 동안 서양 학문의 지배적인 사조는 물질만이 유일하게 존재한다고 보는 물질주의였다. DNA 공동 발견자이자 노벨상 수상자인 프랜시스 크릭은 이렇게 말했다. "당신 자체, 당신의 기쁨, 슬픔, 기억, 야망, 개인적 정체성, 자유 의지…… 이 모든 것이 사실은 신경세포와 그 관련 분자 등의 방대한 조합에 의한 것이다……"●1

이 말에 모든 과학자들이 다 동의하는 것은 아니다. 특히 양자역학 쪽 사람들은 인간의 마음과 정신 활동을 그런 고전적인 메커니즘으로 설명하는 것에 반대한다. 양자역학에서 증명된 대로 물질도 사실은 에너지라면 우리 몸의 비물질적인 부분을 무시하는 그런 설명이 전체 그림을 보여줄 리 만무하다.

최근 몇 년 동안 환경 친화적이고 건강한 삶과 마음을 보살피는 삶에 대한 사람들의 열망이 커짐에 따라 자연스럽게 동물 혹은 동물과 인간의 관계에 관한 연구와 TV 프로그램, 책 등이 폭발적으로 많아졌다. 수의사, 생물학자, 환경 보호 활동가들만이 아니라 이제는 동물 행동 전문가, 의사소통 전문가, 보완적 치유 전문가 같은 신종 동물 전문가들도 대거 등장했다. 이들의 노력으로 우리는 이제 우리와 지구를 공유하고 있는 다른 종들도 최근까지 인간만의 특성이라고만 믿어왔던 많은 특성들을 갖고 있으며 일부는 인간이 갖고 있을 경우 초능력으로 인정되는 능력까지 소유하고 있음을 알게 되었다. 예를 들어 침팬지와 거의 비슷한 수준의 IQ를 보이는 돼지는 복잡한 사회생활을 하고 자의식 수준이 매우 높으며 동료 돼지들에 대한 감정이입 능력도 뛰어나다.[2] 코끼리는 가족이 죽을 경우 슬퍼하고 비통해하며 상호 지지 능력이 대단히 좋다.[3] 돌고래를 비롯한 고래과는 3D로 볼 수 있는 시각 능력을 갖고 있다. 개들은 훈련만 잘 시키면 사람에게서 저혈당, 간질 발작, 방광암 등을 놀라울 정도로 정확하게 잡아낸다.[4] 일부 고양이, 앵무새, 말, 개들은 반려인들이 귀가하는 시간을 예측하는 등 여러 놀라운 텔레파시(정신감응) 능력을 보여준다.[5]

우리는 이제 동물들이 우리처럼 말하지 못한다고 해서 의식 능력이 떨어지는 것은 아님을 알아가고 있다. 우리가 이기적이고 화를 내는 한편 연민과 자비도 느끼는 것처럼 동물들도 똑같이 생각하고 느낀다. 감각 능력의 경우 동물들이 오히려 인간보다 더 뛰어난 경우도 많다.

_ **동물과 인간, 우리는 모두 의식적 존재**

삼십 대 초반 나는 스트레스 조절에 도움이 될까 해서 처음 명상을 시작했다. 당시 런던에 살며 홍보회사에 다니고 있었는데 일은 재미있었지만 작업 환경이 냉혹하기 그지없었다. 그런데 명상을 시작한 지 몇 주 만에 스트레스 조절 이상의 효과가 나타나기 시작했다. 그러자 아침에 치르는 간단한 의식일 뿐이라고 생각했던 명상에 대해 더 자세히 알고 싶었다. 그렇게 불교의 중심이 명상이라는 것도 알게 되었고 자연스럽게 불교 관련 책들을 탐독하기 시작했다.

명상을 하다가 불교 수업도 듣게 되었다. 그리고 바로 거기서 오래전에 포기하고 잊어버렸던 그 질문들에 대한 답을 얻었다. 불교는 최소한 인간과 동물의 의식을 차별하지는 않는 접근법을 제시했고 그 설명이 솔직담백했으며 내 경험과도 잘 들어맞았다. 수천 년 동안 서양의 학자들이 외부 세상을 이해하려 애써왔던 동안 꼭 그만큼 동양의 동료들은 내면의 세상을 이해하려 애써왔다. 길고 치밀한 관찰, 가설의 수립과 그 집요한 실험, 동료의 검증, 수준 높은 논쟁 같은, 써왔던 방법론도 양쪽이 똑같았다. 그리고 결국 그 한쪽이 훌륭한 이론일 뿐만 아니라 실천 기술이기도 한 (우리 마음과 정신을 탐구하는 데 쓸 기술) 일관성 있는 설명 체계를 하나 내놓았다.

그렇다. 동물도 당연히 의식을 갖고 있다는 것이 불교의 입장이다. 그리고 또 그렇다. 우리 마음의 매 순간이 인과 관계에 의해 그 전 순간의 영향을 받으므로 인식하든 않든 우리는 늘 스스로 현실을 만들어가고 있다. 그리고 또 그렇다. 마음은 그 본성이 비물질 혹은 에너지이며 육체적 죽음 후에도 미세한 형태로 지속된다. 불교에 따르면 마음은 '청정함(clarity)과 인식(cognition)'이 형태 없이 이어지는 하나의 연속체'이다(이 부분은 뒤에 다시 자세히 설명할 것이다).

티베트 불교를 처음 배우는 사람들은 그 가르침이 참 상식적이라 더 믿음이 간다고 말한다. 하지만 그렇다고 티베트 불교가 누구나 다 아는 이야기만 하는 것은 절대 아니다. 동물을 사랑하는 사람에게는 무엇보다 티베트 불교에서의 보리심(bodhichitta) 개념이 특히 흥미롭다. 보리심은 산스크리트어로 깨달음을 뜻하는 보디(bodhi)와 마음을 뜻하는 치타(citta)가 합쳐진 말로 '깨달음의 마음'이라는 뜻이지만 보통은 세상 모든 의식적 존재들의 근본적인 행복을 위해서 깨닫겠다는 결심을 뜻한다. 불교는 인간과 동물의 삶에서 극명하게 보이는 고통에 대한 자비심에서 출발하기 때문에 불교 수행에서는 보리심의 동기를 계발하고 궁극에는 끊임없이 진심에서 우러나오는 보리심을 갖는 것을 가장 중요하게 생각한다.

보리심에 인간 중심의 이기적인 요소는 전혀 찾아볼 수 없다. 보리심은 분명코 모든 존재를 포함한다. 사실 지구상의 모든 '사람'이 깨닫도록 돕겠다는 목표조차 거창할지언정 완벽하지는 않다. 지구에 사는 동물을 포함한 모든 살아 있는 존재가 본질적으로 인간과 같은 본성을 공유하고 있음을 간과한 목표이기 때문이다. 동물과 인간은 모두 똑같은 의식적 존재들이다.

_ 내 인생의 가장 적극적인 지지자, 반려동물

이 책은 반려동물에 집중하고 있으므로 혹자는 불교가 보는 동물 전반에 대해 썼더라면 더 좋지 않았을까 생각할지도 모르겠다.

3장에서 설명할 티베트 불교가 말하는 몇 가지 원칙 혹은 조언들의 경우 우리가 사랑하는 반려동물만이 아니라 예를 들어 지는 해를 향해 우아하게 걸어 들어가는, 사파리 여행에서 봄직한 기린 무리들에게도 마찬가지로 해당되는 것들이다. 반려동물이 특별한 것은 그 기린 무리들과 달리 우리와 직접 연결되어 있기 때문이다. 지구에 사는 수십억이 넘는, 셀 수도 없이 많은 생명체 중에 유독 몇 안 되는 이 존재들과 일상을 공유하고 있다는 사실은 불교적 관점에서 봤을 때 절대 우연이 아니다. 이 생에서 육체적으로 가까웠던 존재들이 서로 강한 카르마를 공유하기 때문이다.

꼭 불교에서 하는 말이 아니라도 예를 들어 중앙아프리카 한중간에서 야생 고릴라와 마주침이 아무리 강렬하더라도 그 짧은 찰나의 만남보다는 늘 함께하는 반려동물과의 지속적인 교감이 상호간에 더 큰 영향을 줄 수 있을 것이다. 반려동물은 우리와 늘 함께한다. 때로는 가장 가까운 친구나 가족보다도 더 오래, 더 자주 반려동물들과 시간을 보낸다.

언뜻 보면 반려동물과 우리의 관계는 아주 단순해 보인다. 반려동물은 애정을 제공한다. 반려견의 경우 때로 보안 문제도 해결해준다. 인간은 그 대신 먹을 것과 잘 곳을 마련해주고 산책 봉사를 해준다. 하지만 반려동물과 우리의 관계는 사실 훨씬 더 복잡하다.

그것을 여기서부터 장황하게 설명할 필요는 없을 것 같다. 다만 심리학자들의 말대로 정말로 우리의 정서적 안정이 대부분 열린 마음, 관대함, 탄력성, 즉흥성, 알아차림 능력에 의존한다면 어떨까? 그런 능력들을 계발할 기회를 매일 매 순간 우리에게 풍부하게 제공하는 존재들이 바로 우리 반려동물들이 아닌가? 이 관점에서 보면 반려동물은 우리가 자기실현 능력을 강화할 수 있도록 셀 수도 없이 많은 기회를 제공하는, 우리의 가장 적극적인 지지자가 아닌가?

고령자 복지시설 같은 곳에 반려동물을 들일 경우 긍정적인 변화가 일어난다는 것은 널리 알려진 사실이다. 아무것에도 관심을 보이지 않던 휠체어에 앉은 어르신들이 골든리트리버나 테라피 캣이 등장하면 얼굴에 혈색이 돈다. 분위기가 밝아지고 즐거워지며 연대감이 생긴다. 그리고 어느 순간 숨겨져 있던 자신만의 특별하고 귀중한 본연의 모습을 드러낸다.

불교적으로 보면 다른 존재들이 행복을 찾도록 도와주고 나아가 가장 궁극적인 잠재성, 즉 불성을 깨닫도록 도와주고 싶다면 특히 반려동물을 가까이 두는 것이 더할 나위 없이 좋다. 앞으로 하나씩 설명하겠지만 우리 반려동물의 의식에 강력한 흔적을 남기는 많은 수행법이 있다. 예를 들어 매일 매 순간 옆에서 상태를 알아차려주는 것부터 강력한 만트라로 긍정적인 관계를 만들어가는 것, 반려동물이 죽음이라는 특별한 순간을 맞이할 때 그 변화의 시기가 인생 최고가 되도록 도와주는 것까지 다양하다.

이 책에서 나는 인기 있는 반려동물이면서 인간과 이미 깊은 관계를 형성한 개와 고양이에 대해 특히 많이 언급할 것이다. 하지만 내가 언급할 원칙과 수행법들이 다른 동물들에게도 그대로 적용됨을 잘 알기 바란다. 특히 생쥐, 햄스터, 들쥐를 비롯한 설치류는 넓은 의미에서 보면 분명 우리 포유류와 한 가족이다. 실험용으로 쥐를 쓰는 이유가 쥐의 생리적 기능이 인간과 유사하기 때문이라는 점은 그런 의미에서 더 충격적이다. 돼지의 심장 판막은 이제 일상적으로 인간에게 이식되고 있다. 우리는 따지고 보면 모두 같은 종류인 것이다.

토끼와 기니피그도 사랑스러운 반려동물이다. 뚱뚱보 돼지도 큰 사랑을 받아왔다. 그리고 말(horse)도 인간과 친밀한 관계이다. 이런 것들을 볼 때 중요한 것은 크기나 모양이 아니라 의식임을 알 수 있다.

인간은 조류의 뇌가 보여주는 복잡한 기능에 대해서 이제 겨우 조금씩 알아가고 있는 중이다. 그러므로 새의 두뇌를 놓고 썼던 모욕적인 말들은 이제 틀린 말이다. 우리 조류 친구들도 확실히 우리만큼 의식적인 존재들이다. 어류·파충류와 인간 사이의 따뜻한 연대에 대해서는 덜 알려진 감이 있지만 이들에게도 분명 마음이 있다. 그래서 우리가 이들을 도와줄 수 있다. 비록 감정적으로 더 깊은 연대를 느끼는 동물들보다는 그 정도가 덜하겠지만 말이다.

이 책으로부터 도움을 받으려면 죽음 후에도 삶이 어떤 방식으로든 계속됨을 꼭 믿어야 할까? 인간이든 동물이든 모든 행동은 그 마음속에 흔적을 남긴다는 카르마의 법칙도 받아들여야 할까? 윤회 같은, 솔직히 좀 기묘한, 동양의 신비주의적 측면들을 믿어야 할까?

사실을 말하면 그렇지 않고, 아무것도 믿을 필요가 없다. 그저 열린 마음이면 충분하다.

의식은 뇌의 작용일 뿐이라는 물질주의 이론은 과대평가된 감이 있고 의식이 원인과 결과에 의해 만들어진다는 생각은 과소평가된 감이 있다. 그러므로 불교가 말하는 개념들이 생소하게 느껴지는 것은 당연하며 그 개념들을 이해하는 데에는 시간이 걸린다.

티베트 불교가 매우 흥미로운 것은 살아 있는 전통이라는 데 있다. 나의 소중한 영적 스승들, 게셰 아차리야 톱텐 로덴, 아차리야 자셉 툴쿠 린포체 그리고 레스 셰이 같은 라마들은 오늘도 여기 우리들 틈에서 자신들이 말한 것들을 그대로 실천하며 살아가고 있다. 이들과 시간을 보내고 이들의 행동을 관찰하면 할수록 이들의 가르침이 진리라는 것이 자명해진다. 이들은, 감히 말하지만, 불교라는 이 지혜로운 전통의 살아 숨 쉬는 증명이다. 경전이나 성전들 다 좋지만 그것들이 우리에게 정말로 타당한 것이 되려면 우리 자신을 포함한 사람들의 삶을 진짜로 바꿀 수 있어야 한다.

우리에게 반려동물은 인생의 여정을 함께하는 몇 안 되는 가까운 동반자이다. 이 동반자들이 소중하다는 것은 이미 잘 알고 있다. 나는 여기에서 더 나아가 이 소중한 이 반려동물들이 얼마나 무한한 가치를 지닌 더 위대한 존재인지를 보여주고자 한다. 이 매우 특별한 관계에서 우리가 이미 느끼고 있는 이 사랑과 기쁨을 어떻게 이용해야 양쪽 모두 정신적으로 더 빨리 더 많은 성장을 이룰 수 있을까? 사랑하는 반려동물이 행복했으면 좋겠다는 간단한 바람으로 시작한 일이 보리심과 만나면 우리 반려동물의 궁극적 깨달음만이 아니라 우리의 깨달음까지 부르는 영적 효과를 낳게 될 것이다.

그럼 버그스는 죽고 나서 어떻게 되었을까? 안타깝게도 그때의 나는 지금의 내가 알고 있는 것을 알지 못했다. 그때도 지금 알고 있는 것을 알았더라면 죽은 버그스에게 훨씬 더 큰 도움을 주었을 것이다. 다만 지금의 나는 버그스의 마음이 오늘도 계속 이어지고 있음을 잘 알고 있다. 우리는 여전히 가깝게 연결되어 있으므로 내가 버그스에게 도움을 줄 가능성은 언제나 존재한다. 내 여정이 속도를 낼수록 버그스에게도 더 빨리, 더 많은 도움을 줄 수 있을 것이다.

어쩌면 어느 날 우리는 둘이 함께 하늘나라에서 은쟁반에 놓여 있는 배춧잎을 탐식하며 한때 그녀가 토끼였고 내가 인간이었던 때를 추억하며 웃을지도 모르겠다. 물론 내가 토끼였고 그녀가 인간이었던 때를 추억할 수도 있고.

아니면 내가 이 글을 쓰고 있는 지금 내 책상 끝에 그녀가 있

을지도 모른다. 바로 우리 얼룩고양이의 형상을 하고 가르랑대
며…….

1장.
개와 고양이는 어떻게
인간의 삶에 들어오게 되었나?

벨린다는 '상처받고 힘든 시간'을 보내던 어느 날 컴퓨터 앞에 앉아 울고 있었다. 그때 갑자기 그녀의 러시안 블루 고양이 빅토리가 나타났다.

"빅토리는 책상으로 뛰어올라와 키보드에 앉더니 초록의 부드럽고 강렬한 눈으로 내 눈을 똑바로 쳐다봤어요. 그리고 두 발로 제 뺨을 어루만지고 나서 제 쪽으로 몸을 기울이더니 자기 코를 내 머리에 대는 거예요. 축복을 내려주는 것처럼 말이에요. 순간 저는 빅토리가 저에게 강력한 사랑을 보내고 있음을 알았어요. 그것은 순수하게 사랑과 자비로만 채워진 행위였고 마치 그곳에 신이 내려온 것 같았어요."

반려동물은 늘 거기 있었을 것 같지만 20만 년 인류 역사 대부분의 시간 동안 우리가 다른 종들과 해온 교류는 지금하고는 상당히 달랐다. 그러므로 현재의 우리를 이해하려면 우리의 과거를 짧게라도 살펴보는 게 좋겠다. 인간과 가장 가까운 동물인 개와 고양이는 애초에 인간과 어떻게 만나게 되었을까? 그 과정에서 우리는 서로 어떤 문제들을 극복해왔을까? 그리고 마지막으로 동물 의식의 흥미진진한 다차원적 세상을 연구하는 인지과학자, 신경생물학자, 생태학자, 행동 전문가 같은 사람들이 최근에 어떻게 하나의 합의점을 찾아가고 있는지도 살펴볼 것이다.

개, 인간의 첫 동물 친구

개는 지금으로부터 약 1만5천 년 전, 석기시대에 처음 인간의 삶 속으로 들어왔다. 당시 인간은 동굴에서 살았고 개는 늑대 쪽에 더 가까웠다. 라틴명으로 카니스 루푸스(Canis lupus)라고 불리는 늑대 종은 라틴명 카니스 루푸스 패밀리아리스(Canis lupus familiaris)인 오늘날의 개와 유전적으로 거의 동일하다. 때로 나는 다이아몬드 개목걸이를 건 팔자 좋은 치와와가 사실상 늑대의 미니어처라는 사실에 경탄을 금할 수가 없다.

개의 라틴명 끝 단어 패밀리아리스의 뜻이 '친숙한'인 것을 보면 왜 다른 종류의 늑대가 아닌 개(치와와)가 프라다 가방 속에 담겨지는 팔자가 되었는지 어느 정도 짐작할 수 있다. 1만5천 년 전 어느 날, 훗날 개가 될 한 무리의 늑대들이 인간이 먹고 남긴 다 타버린 고기 조각을 찾아 인간 정착지를 어슬렁거리다가 당시 부싯돌 관리에 능했던 인간들과 친해지게 되었다. 최초의 유기견 구출이 그때 일어난 셈이다. 이때부터 이 늑대들이 인간 사회에 통합되기 시작했다. 지금의 우리는 상상하기 힘들지만 아주 최근까지도 늑대는 흔한 동물이었다. 미국과 멕시코만 봐도 유럽인이 도착하기 전에는 아메리카 대륙에 약 백만 마리 늑대가 살았다고 한다. 1930년대가 채 끝나기도 전에 이 늑대들 95퍼센트가 몰살되었다.[1]

개는 가축화 과정을 거치며 인간의 첫 동물 친구가 되었지만 여전히 몇몇 중요한 야생의 습성들을 갖고 있었고 그것이 인간에게는 큰 도움이 되었다. 개는 다른 위험한 인간이나 포식자의 접근을 알려주는 비상 경보 장치이자 경비 요원이었다. 그리고 아이들의 놀이 친구였고 동굴이나 오두막용 진공청소기였다. 게다가 추운 겨울밤에는 따뜻한 화로가 되어주었고 사냥에서는 추격자였고 안내자였으며 멋진 파트너였다.

야생에 사는 늑대는 동료 늑대의 주의집중이 변할 때마다 잘 알아챈다. 그처럼 개들도 반려인의 주의가 어디로 향해 있는지 정확하게 알아챈다. 나뭇조각을 던져보라. 날아가는 방향이 보이기도 전에 개는 어디로 날아갈지 알아차린다. 그리고 그 나뭇조각을 물고 우리가 가려고 하는 쪽으로 돌아온다. 훈련받지 않은 개들도 우리가 어딘가를 가리킬 때 그것이 의미하는 바를 이해한다. 영장류도 이해하지 못하는 비언어적 신호를 이해하는 것이다.

_ 지성과 이해심, 동정심을 느끼는 반려견

반려견이 반려인과의 보디랭귀지 같은 비언어적 소통에 전문가임은 마르세유 대학 샤를로트 듀랑통의 최근 연구로도 다시 한 번 확인되었다. 학술지『동물 행동(Animal Behaviour)』에 실린 논문에서 듀랑통은 반려견이 낯선 자가 출현했을 때 반려인이 무의식적으로 보내는 신호들을 보고 그 사람이 친구인지 적인지 판단함을 증명했다. 반려인이 낯선 자로부터 조금 물러서는 태도를 보이면 개들은 빠른 시간 안에 그 낯선 자에 시선을 고정하고 반려인이 그 낯선 자에게 거리낌 없이 다가갈 때보다 그 사람과 친해지는 데 훨씬 더 많은 시간이 든다. 그리고 반려인이 낯선 자에게 다가갈 때보다 물러설 때 반려인과의 소통이 더 활발하다.[2]

런던 소재 골드스미스 대학의 심리학자 데보라 커스턴스와 제니퍼 메이어는 동물들이 공감만 잘하는 것이 아니라 스트레스를 받는 사람을 볼 경우 동정심까지 느낀다는 걸 증명했다. 이들의 실험은 유아 공감 능력 측정 방식을 약간 수정한 다음 반려견 열여덟 마리와 그 각각의 반려인들을 대상으로 했다. 반려인들은 낯선 사람 한 명과 약간의 간격을 두고 앉은 다음 대화를 하거나 우는 척하거나 콧노래를 부르는 등 일련의 연기를 했다. 그리고 그 과정을 카메라에 담았다.

우는 행위는 물론 감정이입을 유발한다. 반려인이 울 경우 불안해진 반려견이 자신의 안위를 위해 반려인에게 다가가 위로를 건넬 수는 있다. 하지만 자신과 아무런 관계가 없는 낯선 사람이 울 경우 굳이 그 사람에게 다가가서 손에 코를 비비거나 무릎에 얼굴을 대는 것 같은 위로의 행위를 할 이유는 없어 보인다.

연구자들은 유아들처럼 개들도 반려인뿐만이 아니라 아무 관계가 없는 사람에게도 슬퍼 보이면 다가간다는 사실을 알게 되었다. 개들은 공감 능력뿐만 아니라 동정심도 갖고 있는 것이다.●3

개를 사랑하는 사람에게는 당연한 발견처럼 보이겠지만 과학자들이 개의 인식 능력을 연구하기 시작했다는 사실 자체가 벌써 의미 있는 일이다. 한 세대 전만 해도 개는 공감 같은 복잡한 감정은커녕 생각도 인식도 불가능하다는 사고가 지배적이었다.

디지털 시대의 장점이라면 흥미로운 이야기가 급속하게 공유된다는 점일 것이다. 최근에 나는 뉴저지에 사는 어느 반려견이 반려인의 목숨을 구한 이야기를 읽었는데 매우 감동적이었다. 이 개는 의식을 잃은 반려인과 함께 집 안에 갇혀 있었는데 창문 밖으로 두 명의 여자가 지나가는 소리를 듣고는 앞발로 창문 유리를 깨 그들의 주의를 끌었다. 여자들은 창문 안에 있는 흥분한 개를 보고 누구 없냐고 소리쳐보았고 아무 대답이 없자 구급차를 불렀다. 반려인은 중환자실로 옮겨졌고 생명을 구했다. 이 이야기는 개의 인식 능력이 얼마나 훌륭한지를 보여준다는 점에서 매우 흥미롭다.●4

뉴욕 리보니아에 사는 한 부부의 이야기도 있다. 이 부부는 어느 공원에 버려져 굶어 죽어가는 골든리트리버를 발견하고 입양했다. 그 일 년 후 아내가 아침에 잠을 자다가 일어나보니 테디라고 이름 붙여준 개가 자신들의 침실에 들어와 있었다. 테디는 보통은 아래층에서 잤다. 바로 그때 아내는 이상한 냄새를 맡았고 남편을 깨웠다. 그리고 두 아들과 테디와 함께 서둘러 집 밖으로 나왔다. 10분 뒤 그들이 고요히 자고 있던 그 집은 불덩이로 변했다.●5

이제 우리는 한참 늦기는 했지만 개들이 반려인과 예민하게 닿아 있으며 지성이 있고 이해심과 동정심을 느낄 뿐만 아니라 빠른 대처 능력도 갖추고 있음을 여러 방식으로 알아가고 있는 중이다. 개들은 우리의 표정을 읽는 것을 비롯해 여러 비언어적 방식으로 소통한다. 그런데 개를 사랑하는 사람이라면 대부분 한두 번은 경험했을, 매우 뛰어난 다른 능력도 하나 있는데 바로 생각을 읽는 텔레파시(정신감응) 능력이 그것이다.

_ **반려견의 뛰어난 텔레파시 능력**

창밖을 보니 날씨가 좋다. 산책을 나가야겠다 생각한다. 그리고 몸을 돌려보니 반려견이 이미 현관 앞에 있다. 이런 일이 얼마나 잦은가? 입에 리드 줄까지 물고 있을 때도 있다. 반대의 경우도 흔하다. 오늘이 반려견의 예방접종 날임을 떠올린다. 그래서 동물병원으로 가려는데 아무리 찾아도 반려견이 보이지 않는다. 어딘가에 숨어버린 것이다.

개들의 텔레파시 능력을 보여주는 아주 전형적인 예들이다. 그럼에도 아주 최근에 와서야 이런 개들의 능력을 객관적으로 증명할 수 있었다. 생물학자 루퍼트 셸드레이크는 다른 과학자들이 꺼려하는, 동물의 텔레파시 능력을 증명하는 일에 기꺼이 오랜 세월을 바친 사람이다. 셸드레이크는 케임브리지 대학에서 자연과학을 공부한 후 생물화학 박사 학위를 받았고 케임브리지 클레어 대학의 연구원을 지냈으며 세포생물학 연구소의 소장을 역임했고 현재는 캘리포니아 정신과학연구소(Institute of Noetic Sciences)의 연구원으로 재직 중이다. 셸드레이크는 개들이 반려인이 귀가하는 때를 아는 듯한 행동을 보이는 현상을 조사하기 위해 대조 실험 방식을 하나 고안해냈고 이 실험 방식은 후에 다른 곳에서 다른 연구원들에 의해 반복 검증되었다. 셸드레이크는 많은 가정으로부터 자신들의 개가 반려인이 돌아올 때가 되면 현관문이나 집 밖으로 나가 마중을 한다는 이야기를 듣고 그런 현상이 정말로 텔레파시에 의한 것인지 아니면 단순한 습관인지를 알아보기로 했다.

실험 참가 반려인들은 아무 때고 직장을 나와 다양한 교통편을 이용해 집으로 돌아갔고 집에는 카메라를 설치해 반려견들의 행동을 녹화했다. 그 결과 거듭 확인된 바에 따르면 개들은 정말로 반려인이 돌아오고 있음을 알아채는 것 같았다. 일터에서 나오는 시간이 아무리 바뀌어도, 퇴근길이 길든 짧든 개들은 반려인이 오고 있음을 알아차렸다. 개들이 알아차린 것은 집으로 돌아가야겠다는 반려인의 의도였기 때문이다. 반려인이 그 의도를 내는 순간 개들은 현관 쪽으로 가서 문이 열리기를 기다렸다.●6

이 외에도 동물의 직관력과 텔레파시 소통 능력을 보여주는 젊은 과학자들에 의한 다른 연구들도 많다. 그 어떤 연구에서든 결국 반려동물과의 관계가 기계적으로만 정의되는 경우는 거의 없다. 소중한 인간관계가 그런 것처럼 우리와 반려동물을 깊은 수준에서 강하게 연결해주는 것도 언어 혹은 관념을 초월한, 감정적 연대, 서로에 대한 이해, 감정 이입, 서로의 행복을 빌어주는 마음 같은 것들이다.

최근에 나는 옛날에 호주 서부의 한 지역에서 실제로 살았던 어느 개에 대한 이야기를 듣게 되었다. 동네 아이들의 놀이친구였고 어른들의 친구기도 했던 이 개는 무엇보다 어느 청년의 충직한 반려견이었다. 그러다 제2차 세계대전이 일어났고 청년은 전쟁터로 나가야 했다. 훈련을 마친 후 병사가 된 청년은 유럽으로 보내졌고 한 치 앞도 알 수 없는 전쟁터로 내몰렸다. 그러던 어느 날 다른 가족들과 함께 자던 청년의 반려견이 공포를 느끼는 듯 갑자기 펄쩍펄쩍 뛰기 시작했다. 그러더니 집을 뛰쳐나가 어둠 속으로 사라졌다. 그 후로 그 개를 본 사람은 아무도 없었다.

나머지 가족도 공포에 떨었다. 개의 행동이 무엇을 의미하는지 직감적으로 알았기 때문이다.

이틀 후 가족은 청년이 작전 중에 전사했음을 알리는 전보를 받았다.

그리고 고양이가 왔다

인간 사회에 고양이의 흔적이 발견되기 시작한 것은 겨우 만 년밖에 되지 않는다. 인류가 사냥과 채집 생활에서 농경 생활로 진화할 때가 되어서야 고양이는 흑사병 퇴치 대장이라는 유용한 역할을 부여받으며 인간 사회에 들어오게 되었다.

인류 최초의 농부들은 수확한 곡식을 곳간에 넣어두었는데 이 일용할 양식이 설치류를 불러들였고, 설치류가 다시 야생 고양이를 불러들였다. 야생 고양이를 관찰했던 신석기 농부들은 고양이에게 쥐의 위치를 알아내고 인내심 있게 기다렸다가 조용히 처치해버리는 뛰어난 능력이 있음을 알게 되었다. 그때부터 고양이는 자연스럽게 설치류에 대항해 인간의 동맹체가 되었다. 일 년치 양식을 안전하게 보호할 수만 있다면야 고양이를 가까이 두기 위해 가끔씩 고기 몇 조각 던져주는 것쯤은 전혀 아깝지 않았다.

그 후부터 수천 년 동안 고양이는 유용한 목적에 소용되는 한 계속 인간 사회의 주변부에서 살아갈 수 있었다. 하지만 개의 경우와 마찬가지로 고양이의 실질적인 사육도 서로 다른 여러 지역에서 고양이가 단순한 설치류 퇴치 서비스 제공자에서 나아가 애정의 대상이 되면서부터 자연스럽게 시작된 것으로 보인다.

3~4천 년 전으로 추정되는 이집트 예술작품에서 처음으로 고양이가 집에서 사육되었다는 증거가 나타났다. 귀족 가문에서 항상

길렀는데, 이집트 귀족들의 고양이 사랑은 매우 각별했던 듯하다. 파라오 아멘호테프 3세의 장자, 투트모세 왕세자는 자신의 고양이 오시리스 타-미우(암코양이라는 뜻으로 타-미트라고도 함-옮긴이)를 매우 숭배한 나머지 타 미우가 죽자 방부 처리한 다음 석관에 안치했다. 석관에는 이런 글귀가 새겨져 있다고 한다.

"나는 하늘과 그 하늘에 속한 것들 앞에 당당하게 선다. 나는 하늘 위 불멸의 존재들 사이에 있다. 나는 승리자, 타 미우다."

_ 신성한 동물

인간의 형이상학적 상상력을 자극하는 고양이의 성질은 고양이에게 축복과 동시에 끔찍한 저주로 작용했다. 이집트인들은 기원전 2890년부터 고양이 머리를 한 여신 바스테트를 숭배했다. 바스테트는 다산, 여성성 등을 상징했는데 대부분 집고양이들이 보여주는 성질이다. 바스테트는 후에 그리스 신화에서 달의 여신 아르테미스가 된다. 아르테미스는 로마 신화에서는 사냥, 야생동물, 출산, 처녀성의 여신 다이아나에 해당된다. 야행성인 고양이의 특성 때문에 자연스럽게 달 혹은 달이 상징하는 것들을 대표하게 된 것으로 보인다.

5세기 그리스 역사가 헤로도토스는 이집트인들이 고양이를 얼마나 숭상했는지 분명히 밝혀두었다. 고양이가 죽으면 흔히 온 가족이 눈썹을 밀어 애도를 표했다고 한다. 바스테트 여신을 추앙하며 매년 열리는 부바스티스 축제는 당시 이집트인들이 가장 성대하게 즐기던 축제로 "이 시기에는 일 년 중 나머지 기간 동안 마시는 와인보다 더 많은 와인이 소비되었고 당시 많게는 70만에 달하는 순례자들이 축제를 즐겼다."●7고 한다.

오늘날의 기준으로 봐도 대단한 축제임에 틀림없다!

고양이 숭배는 그 후에도 계속 이어지기는 했지만 바스테트 축제가 한창이던 이때가 아마도 절정이 아니었나 싶다. 그 후로는 고양이가 '신성한 동물'로서 사육되고 살육된 다음 미라로 처리되어 신에게 바쳐지는 등 숭배의 양상이 기이한 형태로 변해갔기 때문이다.

신성한 동물의 생산은 고대 이집트에서 큰 사업이었다. 사원 주변으로 고양이 뼈 무덤과 함께 대단위 고양이 보관소가 고고학자들에 의해 발견되기도 했다. 고양이 여신에 대한 극단적인 숭배와 고양이 희생제라는 이런 충격적인 양분화는, 역사적으로 거듭 반복되는 고양이에 대한 인간의 이중적인 태도를 그대로 반증하는 것이었다.

_ **마녀의 도우미 고양이**

중세시대 내내 고양이는 페스트 억제자로서의 가치를 부여받으며 많은 가정의 사랑을 받았다. 하지만 그 밑바닥에는 늘 주술 관련 흑역사가 따라다녔다. 유독 나이든 여인들에게 많은 사랑을 받는 고양이는 그 때문에 문맹과 미개의 시대 내내 툭하면 '마녀 수행

영혼', 즉 동물의 모습을 하고 마녀의 마술을 돕는 영혼의 역할을 짊어져야 했다. 중세시대의 마술들이 다 사악한 것은 아니었지만 모신(mother goddess) 숭배라는 이교도적 뿌리를 볼 때 확실히 기독교적이지는 않았다.

현대의 어르신들이 그렇듯 과거의 할머니들도 우리를 건강하게 해주는 고양이의 신기하지만 과학적으로도 근거가 없지는 않은 특성들을 본능적으로 이해했을 것이다. 고양이가 가르랑대는 속도가 뼈와 근육의 치유와 관계 있음(고양이들이 가르랑대는 이유 중 하나임)이 이미 밝혀졌다. 고양이가 가르랑대는 소리를 듣기만 해도 우리는 스트레스가 시원하게 풀린다. 미네소타 대학 심장 연구소(Stroke Institute)의 수명 연구에 따르면 고양이를 기르는 사람들이 그렇지 않은 사람들보다 심장 관련 질병으로 사망할 확률이 30~40퍼센트나 적다고 하는데*8 아마도 그런 이유에서가 아닐까 싶다.

현대를 사는 우리는 중세시대처럼 고양이를 혐오하는 사람이 있다면 아무런 근거가 없다며 일축해버릴 것이다. 그러나 당시에는 그런 혐오감이 너무도 팽배했다. 심지어 1233년에는 교황 그레고리우스 9세가 고양이 일반은 물론 특히 검은 고양이의 경우 악마임이 분명하다는 칙서를 내리고 고양이 몰살 운동을 펼칠 정도였다. 고양이 전문가 존 브래드쇼에 따르면 '그 후 3백 년이 넘는 동안 수백만 마리의 고양이가 마술을 부린다는 의심을 받은 수십만의 반려인(대개 여성)과 함께 고문, 죽임을 당했고 도시에서는 고양이들이 거의 전멸했었다.'*9

신대륙 미국도 1692~93년 세일럼 마녀 재판으로 고양이에 대한 똑같은 편견을 그대로 드러냈다. 이 재판에서는 고양이들이 사악한 영혼이 되어 그 반려인이 악마임을 증언하는 사태에까지 이르렀다(세일럼 마녀 재판에서는 말하는 검은 고양이를 가진 사람이 마녀라고 확정하기도 했다-옮긴이).

계몽주의 시대에 와서야 고양이들은 사탄의 친구라는 오명을 떨쳐버리고 개와 함께 본연의 선망받는 위치를 되찾을 수 있었다.

_ 고양이와의 비언어적 소통

개만큼 고양이도 성공적으로 우리 삶의 얼개 속으로 들어올 수 있었다. 개처럼 고양이도 인간이 고양이에 적응하는 것이 아니라 고양이가 인간에 적응해야 했다. 비록 매우 주저하며 적응하는 듯한 인상을 주는 고양이도 있지만 그것은 어디까지나 우리의 감정이 투사된 우리만의 인상일 뿐이다!

개와 달리 고양이는 사회적 동물이 아니다. 야생에서 수고양이는 혼자 살고, 암고양이는 남자 아기 고양이와 함께 아주 작은 무리를 형성하며 산다. 고양이는 협력이 아니라 경쟁을 기반으로 살아남았다. 그러므로 생각과 느낌을 숨기는 쪽으로 진화했다. 하지만 고양이를 사랑하는 사람이라면 다 알듯이, 고양이들이 보고 느끼고 생각하는 모습이 수수께끼처럼 보여도 그들이 무관심한 모습 아래 숨기고 있는 것들을 절대 과소평가해서는 안 될 것이다.

밀라노 대학의 이자벨 메롤라와 동료들도 앞에서 언급한 개의 연구에서처럼 낯선 사람이나 물체에 대해 어떻게 행동해야 할지 모를 때 고양이도 반려인으로부터 정보를 얻고자 하는 것은 아닌지 실험해보았다. 관찰 결과 평균 다섯 마리 중 네 마리 고양이가 낯선 대상이 나타날 경우 반려인을 보고 감정적으로 어떻게 대처해야 할지를 결정했다. 이것은 개의 경우와 비슷한 비율이다. 고양이들은 포커페이스를 유지하는 경우가 많지만 우리의 반응을 매우 유심히 관찰하며 우리의 반응에 따라 움직이고 있음이 분명하다.•10

동물 행동 전문가 존 브래드쇼는 고양이들이 인간의 반응을 얼마나 잘 알아채는지 알아보는 실험을 했다. 일단 브래드쇼는 고양이들이 자신을 싫어하거나 자신에게 알레르기 반응을 보이는 사람에게 자석처럼 끌리기 때문에 그런 사람이 나타나면 즉시 그 사람의 무릎 위로 뛰어오르려고 한다는 설이 사실인지 아닌지 알아보기로 했다. 브래드쇼는 고양이 공포증을 갖고 있는 사람과 고양이를 사랑하는 사람들을 모았다. 모두 남자였는데 고양이를 싫어하는 여자를 도저히 찾을 수 없었기 때문이다. 실험 참가자들은 소파에 앉아 고양이가 무릎 위로 올라오려 해도 움직이지 말 것을 지시받았다. 다양한 고양이들이 실험에 참가했다. 브래드쇼가 관찰한 모습은 이랬다.

고양이들은 방 안에 들어가자마자 단 몇 초 만에 실험 참가자들의 경향을 알아채는 것 같았다. 고양이 공포증을 갖고 있는 사람에게는 거의 접근하지 않고 문가에 앉아 있었고 그들 쪽은 쳐다보지도 않았다. 이 두 종류의 사람들 사이의 차이점을 고양이들이 어떻게 탐지하는지는 알 수 없다. 어쩌면 자신을 싫어하는 사람들이 긴장하고 있음을 알아챘을 수도 있고 그들의 냄새가 달랐을 수도 있다. 아니면 그들이 고양이를 긴장하는 눈길로 봤을 수도 있다. 어쨌든 고양이들은 처음 본 사람들조차도 그 성향을 날카롭게 감지했다.

그런데 고양이 공포증을 가진 사람에게 접근해 무릎에 뛰어오르며 눈에 띄게 가르랑댄 돌출된 행동을 한 고양이도 한 마리 있긴 했다. 브래드쇼는 그런 고양이의 경우 고양이 공포증을 가진 사람들에게 강한 인상을 남기기 때문에 고양이를 싫어하는 사람에게 오히려 고양이가 꼬인다는 설이 끊이지 않는 거라고 보았다.[11]

_ **초능력 고양이**

고양이는 우리 몸짓의 의미를 잘 읽어낸다. 그렇다면 우리의 정신적, 감정적 주파수에 맞춰 들어오는 능력은 어떨까? 고양이는 역사적으로 인간과 우여곡절 많은 관계를 맺어왔다. 그래서 오히려 개보다 더 인간과 정신적으로 강하게 연결되어 있는 듯 보인다.

나는 내 웹사이트를 통해 독자들에게 사랑하는 고양이가 '알아차림' 능력을 보인 일화를 공유해달라고 부탁했는데 감당 못할 정도의 이야기들이 쏟아져 들어왔다.

남아프리카공화국 케이프타운에 사는 벨린다 주버트는 '상처 받고 힘든 시간'을 보내던 어느 날 컴퓨터 앞에 앉아 울고 있었다. 그때 갑자기 그녀의 러시안블루 고양이 빅토리가 나타났다.

책상으로 뛰어올라와 키보드에 앉더니 초록의 부드럽고 강렬한 눈으로 내 눈을 똑바로 쳐다봤어요. 그리고 다음 순간 믿기 힘든 일이 일어났어요. 빅토리가 양 앞발을 내미는가 싶더니 두 발로 제 뺨을 어루만지는 거예요. 그리고 그렇게 두 발을 제 뺨에 댄 채 제 쪽으로 몸을 기울이더니 자기 코를 내 머리에 대는 거예요. 축복을 내려주는 것처럼 말이에요. 그 순간 저는 빅토리가 저에게 강력한 사랑을 보내고 있음을 알았어요. 내 영혼이 감동의 폭격을 맞는 것 같았어요. 그것은 순수하게 사랑과 자비로만 채워진 행위였고 마치 그곳에 신이 내려온 것 같았어요.

브라질의 한 독자는 이런 이야기도 해주었다. "대학을 졸업한 아들이 한밤에 집으로 와서는 자신의 물건을 챙겨가려 했지요. 당시 내가 기르던 수고양이가 잠자고 있는 나를 앞발로 툭툭 쳐서 깨우더니 나를 현관까지 나오게 했어요. 덕분에 나는 말없이 떠나려던 아들을 마지막으로 껴안으며 잘 가라고 말해줄 수 있었어요."

벨린다의 경우처럼 고양이 애호가들은 슬퍼하고 있을 때 고양이가 갑자기 나타나서 위로해줬다는 말을 많이 한다. 고양이들은 사람의 몸 특정 부분에 주의를 보내기도 하는데 나중에 알고 보면 그곳에 병이 있는 경우가 많다. 그리고 고양이들도 가족이 돌아올 때가 되면 밖에 나가 기다리기도 한다. 가족이 몇 달이고 나가 있어서 당사자들조차도 정확하게 언제 돌아올지 모르는 경우에도 말이다.

얼마 전에 이웃으로부터 들은 이야기이다. 이웃은 은퇴한 친구 부부가 장기 해외여행을 가면서 고양이를 한 마리 맡겼다고 했다. 부부는 여유롭게 여행하고 싶어 돌아올 날짜를 정해놓지 않았고 두세 달쯤 걸릴 거라고만 했다.

미리 말하지 않았는데도 그들이 돌아온 날, 냉장고에는 신선한 우유가 있고, 주방 조리대에는 새로 산 빵이, 식탁에는 꽃이 놓여 있었다. 고양이를 맡아준 친구는 그들이 돌아올 것을 어떻게 알았을까?

나중에 말하기를 그날 아침 고양이가 처음으로 현관 밖 마당으로 나가 한참 동안 길 쪽을 바라보며 앉아 있었다고 한다. 그런 적은 한 번도 없었기 때문에 나의 이웃은 그 이유를 확신할 수 있었다.

다른 흥미로운 이야기들도 많은데 앞으로 이 책에서 차차 공유할 것이다. 고양이를 기르는 사람이라면 이런 이야기들이 그리 놀랍지는 않을 것이다. 똑같은 경험을 직접 하지는 않았더라도 개처럼 고양이도 일반적인 인간의 인식 능력 너머의 수준에서 알아차리고 있음을 어떤 방식으로든 많이 느껴왔을 테니까 말이다.

그렇다면 지난 몇백 년 동안 과학적 사고와 일상적인 경험 사이에 왜 그런 거대한 간극이 생겨난 걸까?

서양의 계몽사상 - 동물에게는 의식이 없다

계몽사상의 도래 이래 서양의 과학자와 철학자들이 지구상의 모든 생명체가 사실 의식적인 존재임을 한결같이 강한 목소리로 부인해 왔음은 참 흥미로운 역설이 아닐 수 없다.

17세기 후반부터 서양에서는 이성과 경험적 증거를 강조하는 계몽주의 사조가 새롭게 등장했다. 모든 면에서 교회는 이제 더 이상 지혜의 원천이 되지 못했고 최소한 자연과 물질 세상에 관해서라면 교회 대신 과학자들이 사상적 지도자의 자리를 대신했다.

"나는 생각한다. 그러므로 나는 존재한다."로 유명한 르네 데카르트가 과학 혁명 시기의 그런 지도자 격의 인물로 대표적이다. 그러므로 1646년 뉴캐슬의 후작에게 데카르트가 동물의 지각 능력에 대해 써서 보낸 편지를 보면 당대 과학자들이 동물에 대해 일반적으로 어떤 생각을 갖고 있었는지 알 수 있다.

……동물이 우리처럼 말하지 못하는 이유는 발성 기관이 없어서가 아니라 생각이 없기 때문입니다. 동물들이 서로 말하고 있다면 우리가 그걸 이해 못할 리가 없습니다. 개나 다른 일부 동물들의 경우 격정 따위를 우리에게 표현하지 않습니까? 그러니 생각이 있다면 생각도 표현해야 마땅합니다……. 동물이 인간처럼 생각한다면 그들의 영혼도 우리처럼 불멸일 겁니다. 동물

전체에 생각이 있는 것 같지 않은데 일부 동물에게만 생각이 있다고 할 수도 없습니다. 바닷가의 굴, 해면 같은 동물들을 보면 생각을 갖기에는 너무 불완전한 존재들입니다. •12

데카르트는 동물도 발성 기관을 갖고 있다고 봤지만 이것은 생물학에 무지해서다. 인간의 가장 가까운 친척인 영장류조차 성대 마찰 능력이 인간과 비교하면 현저히 떨어진다.

동물에게 본질적으로 사고 능력이 없다는 생각, 혹은 인간이라는 한 종에게 사실인 것이 다른 모든 종에게도 사실이어야 한다는 생각은 과학적인 정설로 인정되지 못했다면 말도 안 되는 소리로 치부되었을 것이다.

특히 동물은 불멸하는 영혼은커녕 영혼 자체가 없다는 말은 동물이 로봇처럼 움직이는 자동 기계 같은 존재이니 과학계는 물론 우리 사회 전반에 동물을 마음대로 다뤄도 된다는 전권을 위임한 것이나 마찬가지다.

데카르트 자신도 동물의 내장기관을 설명하기 위해 날카로운 칼날로 개들을 산 채로 해부했고 고통에 울부짖는 소리는 단순한 반사 작용이라며 무의미한 것으로 치부했다. 요즘 같았으면 동물 학대죄로 법정에 끌려갔을 것이다. 하지만 데카르트 입장에서는 동물을 학대한다는 말은 아이폰을 학대한다는 말만큼이나 불합리한 소리였다. 그에 따르면 동물은 생각도 지성도 영혼도 없으며 언어 능력도 없다. 그에게 동물은 과학적으로도, 영적으로도 제로(zero)에 가까웠다.

17세기 과학자들의 이런 관점이 제대로 검증되었다면 좀처럼 믿기 힘든 무자비하고 무지한 시대를 일찌감치 역사의 뒤안길로 보내버렸을 것이다. 하지만 그러기는커녕 동물에게 의식이 없다는 관점은 물질주의 사조 속에 가볍게 안착하는 것으로 여전히 강력한 힘을 발휘하고 있다. 물질주의는 반려동물은 물론 인간을 포함한 모든 생명체의 안녕을 심각하게 위협하는 접근법이다.

인간 중심 시각에서 벗어나기

물질주의는 물질이 아닌 것 혹은 물질에 직접적인 영향을 주지 않는 것은 존재하지 않는 것으로 본다. 이 관점을 따르는 동물 행동 전문가들은 동물이 생각하고 느낄 수 있다는 가정의 경우 인간에 의해 고안된 측정 가능한 실험으로 반복적으로 증명되지 않는 이상 옳지 않다는 입장을 오랫동안 고수해왔다.

예를 들어 당신이 퇴근해 들어올 때 꼬리를 흔들며 달려드는 반려견의 경우 당신을 보고 행복해서 그런 것이라고 가정해서는 안 된다. 밥을 기대하는 털 달린 로봇이 보여주는 단순한 조건 반사일 수도 있기 때문이다. 저녁이면 당신 무릎으로 올라오는 고양이, 혹은 소파에 앉아 있는 당신에게 슬금슬금 다가와 볼에 자신의 머리를 부비는 앵무새도 당신과의 친밀한 순간을 즐기기 위해서 그러는 것이 아닐 수도 있다. 털 달린 자동 기계 장치들이 따뜻함을 원해서 하는 단순한 행동일 수도 있으니 말이다. 동물의 마음을 알 수 없는 상태에서 우리의 생각이나 느낌을 동물에 투사하는 것은 단지 의인화이고 비과학적이고 급기야 범죄인 것이다.

섣부른 가정을 금하는 것이 합리적이고 과학적일 수는 있다. 하지만 동물 행동 전문가들은 거기서 한 걸음 더 나아가 동물에게는 생각도 느낌도 없다고 주장해왔다. 이들도 자신들의 입장을 견고하게 하기 위해 인간 중심의 소통 개념, 지성 개념을 동물에게 그대로 적용해온 것이다. 칼 사피나는 자신의 책『소리와 몸짓(Beyond Word: What animals think and feel)』에서 물질주의가 다른 과학적 접근법들과 얼마나 모순되는지 설명했다.

……동물 행동 연구가들은 우리가 동물들과 대화할 수 없기 때문에 더 이상 알기를 포기해야 하고 동물들이 생각하거나 느끼는지 알 수 없거나 생각하거나 느끼지 못한다고 가정해야 한다고 말한다. 인간 행동 연구자들-예를 들어 프로이트-은 그런 엄중한 논리에서 자유롭다. 인간 행동 연구자들은 우리가 생각할지도 모르는 것들, 말로 옮기지 못하는 느낌들을 말해주려고 한다. 이런 이중 잣대는 매우 기이하다. 그렇지 않은가? 한쪽에는 언어를 사용하지 않기 때문에 동물들이 생각하는지 안 하는지 알 수 없다고 말하는 전문가들이 있다. 그리고 다른 한쪽에

는 인간이 정말로 생각하는 것은 언어로 표현될 수 없다고 말하는 전문가들이 있다.[13]

지구에 사는 하나의 종일 뿐인 인간은 다른 존재들의 지각력에 대해 알지 못한다. 왜냐하면 그들이 우리가 쉽게 이해할 수 있는 언어를 쓰지 않기 때문이다. 수세기 동안 우리는 동물들은 언어를 사용하지 않는다고 가정해왔고 나아가 언어를 사용하는 데 필요한 지성과 능력이 부족하다고 가정해왔다. 그리고 이 가정은 또 다른 가정을 낳았다. '인간 외의 다른 동물들은 생각과 논리를 계발할 수 없음에 틀림없다.'라는 가정이다. 언어와 인식 능력이 같이 간다고 보았기 때문이다. 생각에 쓸 언어가 없는데 어떻게 무언가를 계획할 수 있을까? 혹은 전략을 짤 수 있을까? 지적인 발전이 없다면 감정적 성숙도 불가능하다는 가정도 있다. 공정함, 이타심, 자비심 같은 도덕적이고 관념적인 계발은 더더욱 생각도 할 수 없다. 언어 없이 그런 수준 높은 개념화는 불가능하기 때문이다.

이런 가정들은 가정에 그치지 않았다. 인간과 다른 종들 사이의 차이가 그만큼 크니 다른 종들을 석유, 철광석, 펄프 같은 의식 없는 광물자원들처럼 소모용 생산품쯤으로 간주해도 괜찮다는 사회적 단정의 근거가 되어왔다.

그런데 동물에 대한 인식 틀을 제공해온 이 가정들은 과연 제대로 된 검증을 거친 것일까?

지구의 많은 동물들이 서로 소통하는지, 소통한다면 어떻게 소통하는지에 대해 인간들은 그다지 이해하려고 하지 않았다. 그리고 복잡한 언어 체계가 도덕적 추론과 감정적 계발과 꼭 나란히 가는지에 대해 깊이 연구해본 적도 없다. 이런 점들은 우리가 사실은 얼마나 인간 중심적인 세계관을 갖고 있는지를 극명하게 보여준다. 최근에 와서야 이 주제들이 진지하게 연구되기 시작했다. 그리고 그렇게 해서 발견된 사실들(그 일부는 다음 장에서 소개할 것이다)을 보면 현재 서양에서 일어나고 있는 새로운 과학적 발견들이 동양의 오랜 영적 전통들에 융합해 들어가고 있음을 알 수 있다. 이 융합은 인간이 다른 존재들과 교류하는 방식을 심오하게 바꿀 잠재력을 갖고 있을 뿐만 아니라 우리 반려동물이 내면의 삶을 계발하는 데 우리 인간이 분명 도움을 줄 수 있다는 확신을 갖게 한다.

반려동물은 어떻게 인간과 다르게
세상을 보고 듣고 냄새 맡는가?

반려동물과 우리는 같은 세상을 살고 있지만 같은 세상을 보는 것은 아니다.

개와 고양이는 인간의 원뿔체 광수용체 세포의 20퍼센트만 갖고 있기 때문에 파란색과 노란색만 볼 수 있다. 다른 색들은 모두 회색 그림자처럼 보인다. 또 물체가 멀리 있으면 초점을 맞추지 못한다. 어느 날 일어나보니 개와 고양이가 보는 식으로 세상을 보게 된다면 우리는 그 즉시 병원을 찾을 것이다. 하지만 밤에는 개와 고양이가 우리보다 더 잘 본다. 개와 고양이는 필요에 의해 그렇게 진화되었다.

개와 고양이는 소리도 다르게 듣는다. 고양이가 들을 수 있는 영역은 놀랍게도 우리보다 두 옥타브나 높아서 초음파 영역까지 들을 수 있다. 그래서 박쥐나 설치류가 내는 소리를 우리가 아이의 비명소리를 듣는 것만큼 강하게 듣는다.

인간의 코는 일반적인 냄새를 맡을 수 있을 정도의 약 5백만 개 후각 수용체를 갖고 있다. 고양이는 그 100배에서 140배 정도 더 많은 수용체를 갖고 있고 개의 경우 1억5천만 개에서 3억 개 정도로, 인간보다 천 배 더 예민하다. 국경이나 공항에서 탐지견이 이용되는 이유가 여기에 있다. 훈련이 필요하기는 하지만 당뇨 탐지견도 있고 흔히 간질이라고 하는 뇌전증 발작을 미리 알려주는 개도 있다. 영국에서는 개들이 전립선암, 유방암 등 다양한 암을 조기에 탐지하는 데 도움을 줄 수 있는지에 대한 실험들이 빠르게 진행 중이다. 앞으로 아주 다른 형태의 '검사법'들이 출현할 듯하다.

개와 고양이를 포함한 대부분의 동물들은 보습코 기관(vomeronasal organ)이라고 하는 후각과 미각 그 중간 정도의 후미각기관을 추가로 갖고 있다. 동물들이 무언가로부터 자극을 받아 멈춰 서서는 몇 초 정도 윗입술을 팽팽하게 긴장시키며 입을 약간 벌린다면 후미각기관이 발동하기 시작한 것이다.

개와 고양이의 청각, 후각 능력은 우리보다 압도적으로 좋다. 그리고 다른 동물들도 우리와는 상당히 다른 수준의 비범한 지각 능력들을 보여준다. 돌고래를 비롯한 고래과 동물은 반향 위치 측정 능력을 이용해 사물을 3D로 본다. 코끼리는 인간이 듣지는 못하고 근거리에서 명치로 느낄 수 있는 정도의 초저음대에서 서로 소통한다.

인간은 매우 시각적인 존재이다. 우리는 반려동물이 우리보다 훨씬 단순하게 세상을 보지만 우리가 상상도 할 수 없이 훨씬 복잡한 것들을 듣고 냄새 맡는다는 사실을 기억할 필요가 있다.

2장.
동물도 생각하는 존재이다

암컷 침팬지인 위쇼는 수화를 배웠다. 위쇼가 임신한 연구 보조원에게 보인 관심은 정말 감동적이었다. 그녀의 배를 만지며 위쇼는 '아기'라고 수화를 해 보였다. 아기가 유산되자 연구 보조원은 위쇼에게 그 사실을 말해주기로 했다. 위쇼도 과거에 자신의 아기를 잃은 경험이 있기 때문이기도 했다. 조수는 '내 아기가 죽었다.'라고 수화로 말했다. 그러자 위쇼는 그녀의 눈을 직시하며 '눈물'이라고 수화로 말했다. 그리고 그녀의 빰을 어루만졌다.

동물의 의식과 소통의 문제는 새롭게 대두된 분야이므로 아직까지는 소규모 연구가 간간이 이루어지는 정도이다. 대상은 고래, 늑대, 영장류, 코끼리 같은, 소통이 항시 발생하는 사회적 동물 중심인 경향을 보인다. 하지만 연구 결과만큼은 놀랍기 그지없다.

우리에게 가장 익숙한 종부터 보면『개의 천재성: 당신이 생각하는 것보다 똑똑한 개(The Genius of Dogs: How dogs are smarter than you think)』에서 개 인식 연구자 브라이언 헤어와 바네사 우즈 교수는 개가 짖는 데에는 우리가 모르는 이유가 아주 많음을 밝혀주었다. 개들은 서로 다른 문맥에서 서로 다른 의미를 전달하기 위해 아주 미세하게 다른 방식으로 짖는다. 우리는 대부분 기분 좋은 짖음과 공격적인 짖음 정도를 구분하는데 사실 개들마다 짖고 으르렁대는 방식과 이유가 다 다를 뿐만 아니라 개들에 대한 우리의 이해가 아주 제한적이라는 것이다. 헤어와 우즈는 따라서 '인간은 개들의 발성 행태에 대해 알고 있는 게 거의 없다.'라고 결론 내린다.[1] 지난 1만 5천 년 동안 우리와 가장 가깝게 살아온 동물에 대해 아는 게 거의 없다니 그저 놀라울 뿐이다!

그러므로 동물들은 언어를 사용하지 않는다고 말하는 것보다 동물들이 서로 어떻게 소통하는지에 대해 제대로 연구해본 적이 없음을 인정하는 쪽이 올바른 자세일 것이다. 오늘날에는 예를 들어 코끼리의 경우 다양한 주제로 서로 소통하는 데 100개가 넘는 제스처를 사용한다고 동물학자들은 말한다. 코끼리들은 늘 서로 인사하는데, 인사하는 방식이 서로의 관계의 질을 암시한다. 예를 들어 중요한 관계일수록 흥분의 정도가 커진다고 한다.

코끼리는 서로간의 소통을 유지하는 데 비언어적인 제스처만 쓰는 게 아니다. 인간은 들을 수 없는, 몇 킬로미터 떨어진 곳까지 전달되는 낮은 주파수의 소리를 이용하기도 한다. 한 예로, 한 무리의 코끼리가 밀렵꾼에게 공격을 당할 경우 멀리 떨어져 있는 다른 무리도 그 즉시 알아채고 이상 행동을 보인다.

관련해서 내가 들은 가장 잊을 수 없는 이야기는 칼 사피나의 훌륭한 책『소리와 몸짓(Beyond Word: What animals think and feel)』에 나오는 연구원들의 이야기이다. 연구원들은 이미 죽은 한 코끼리의 살아 있을 당시 녹음한 소리를 숲속에 스피커를 놓고 틀어보았다. 그러자 죽은 코끼리의 가족들이 갑자기 자신의 엄마이고 누이였던 죽은 코끼리가 살아 있는 줄 알고 미친 듯이 애타게 부르기 시작했다. 특히 죽은 코끼리의 딸은 그 후에도 며칠 동안이나 엄마를 찾았다고 한다. "이 연구원들은 다시는 그런 짓을 하지는 않았다."고 한다.[2]

우리처럼 코끼리들도 어느 정도 말로 소통한다. 심지어 서로의 목소리까지 알아챈다고 한다. 하지만 몸짓이나 소리 말고도 코끼리는 반려인이 집으로 돌아오고 있음을 감지하는 개(그리고 고양이, 말, 새 등등)들처럼 완전히 다른 수준의 소통 방식도 잘 알고 있는 듯하다.

케냐 소재 데이비드 셀드릭의 야생 재단(Wildlife Trust)이 구조하곤 하는 미아 코끼리들의 이야기가 한 예이다. 구조된 아기 코끼리들은 몇 년 동안 야생 재단의 보호 밑에서 자라다가 차보 국립공원

(Tsavo National Park)으로 보내져 그곳에 예전부터 살고 있던 다른 코끼리들을 만나게 된다.

안전한 피난처에서 자연 서식지로 코끼리를 다시 보내는 과정은 결코 쉬운 일이 아니다. 하지만 그런 과정을 수십 년 동안 해오다 보니 데이비드와 그의 아내 다프네 셸드릭은 이전에 야생으로 돌려보내준 코끼리가 성인이 된 후 새로 들어오는 미아 코끼리들을 반갑게 맞이한다는 것을 알게 되었다. 다프네 셸드릭의 주장은 차보 국립공원의 코끼리들이 새 미아 코끼리들이 나이로비에서 트럭을 타고 오고 있다는 사실을 알고 숲에서 나와 새 미아 코끼리들이 도착하기를 기다리고 있다는 것이다. 다프네는 그것을 '텔레파시' 덕분이라고 믿고 있다. 나는 그런 다프네의 주장을 내 마음속 '믿을 수 없는 이야기 상자'에 넣어두었다. 하지만 상자가 넘쳐나는 데에는 그리 오랜 시간이 걸리지 않았다. 코끼리 관련 '믿을 수 없는' 이야기는 너무 많다. ●3

영어를 이해하고 수화로 말하는 영장류

인류와 가장 가까운 종인 영장류는 특정 소리와 단어들을 이용해 동료들과 소통한다. 예를 들어 '뱀', '개코원숭이'를 뜻하는 단어가 있으며 '낯선 인간'과 '우두머리 원숭이' 같은 간단한 묘사도 할 수 있다. 그리고 위험 요인이 얼마나 멀리 있는지 알려주는 문장을 구사하기도 한다. 긴꼬리원숭이의 경우 자기 무리가 다른 무리에 의해 공격을 당할 경우 표범이 나타난 것처럼 거짓으로 '표범!'이라고 외쳐 공격자들이 나무 뒤로 숨게 만들기도 한다. 이 정도면 인간 회사 중역실에서 벌어지는 속임수 못지않다.

근거리에서 관찰 연구된 영장류들 중에는 고릴라 코코가 가장 유명하다. 1971년 샌프란시스코 동물원에서 태어난 코코는 스탠퍼드 대학 심리학과에서 박사 과정을 밟고 있던 프랜신 '페니' 패터슨의 보호 아래 들어가게 되었다. 코코는 서부 로랜드 암컷 고릴라로 미국식 수화가 약간 변형된 형식의 수화를 상당한 수준까지 배웠고 약 2천 개의 영어 단어를 이해했다. 패터슨은 몇 권의 책과 여러 논문을 통해 코코가 어떤 식으로 언어를 이해했는지 설명했다. 패터슨도 이런 경우 늘 그렇듯 과학계의 회의론자들로부터 상당한 공격을 받았다. 이들은 코코가 패터슨이 쓰는 수화를 이해한 것이 아니며 코코가 맞는 답을 한 것처럼 보이는 것은 우리의 생각이 투사된 것일 뿐이고 어쩌다 정확한 답을 준 경우는 지난 세기 말, 계산을 하고 시간을 말했다던 말(horse) 클레버 한스의 경우처럼 반려인이 자신도 모르게 비언어적인 신호로 보낸 답을 알아채고 반응한 것일 뿐이라고 했다.

하지만 그렇지 않음을 보여주는 증거도 많았다. 코코는 소통 과정에서 유머 감각을 보여줬고 개인적으로 원하는 게 있으면 고의적으로 거짓말에 가까운 속임수를 쓰기도 했다. 게다가 단어의 조합을 스스로 만들어내기도 했는데 예를 들어 '반지'라는 단어를 배우지 못했기 때문에 '손가락 팔찌'라는 말로 대신 표현하기도 했다.

미국 수화를 제대로 배운 첫 번째 영장류는 워쇼였다. 워쇼는 미국 공군이 원래 우주 계발 프로젝트에 투입하기 위해 포획한 침팬지였지만 네바다주 워쇼 카운티에 사는 앨런과 비트릭스 가드너 부부의 집에서 살게 되었다. 여자 침팬지인 워쇼는 수화를 배우는 능력뿐만 아니라 자각 능력과 타인을 배려하는 능력까지 보여주었다. 예를 들어 수화에 느린 사람이 오면 대화를 천천히 진행했다.

인터넷에 워쇼에 대한 보고서와 자료들이 많은데 그중에서도 워쇼가 임신한 연구 보조원에게 보인 관심은 정말 감동적이다. 연구 보조원의 배를 만지며 워쇼는 '아기'라고 수화를 해 보였다. 그 아기가 유산되었고 보조원은 워쇼에게 그 사실을 말해주기로 했다. 워쇼도 과거에 자신의 아기를 잃은 경험이 있기 때문이기도 했다. 보조원은 '내 아기가 죽었다.'라고 수화로 답했다. 그러자 워쇼는 보조원의 눈을 직시하며 '눈물'이라고 수화로 말했다. 그리고 보조원의 뺨을 어루만졌다. 그날 오후 워쇼는 일을 마치고 가려는 보조원을 막아서고 '부탁합니다, 사람, 껴안기' 같은 수화를 했다. 이것으로 워쇼는 자신의 이해력과 공감 능력만이 아니라 진심에서 우러나오는 연민의 감정까지 증명한 것이다.●4

인간의 마음과 비슷한 회색앵무새, 알렉스

영어를 할 줄 아는 동물들도 있다! 아프리카회색앵무새 알렉스는 『뉴욕타임스』와 『이코노미스트』지에 사망 기사까지 실린 특별한 새이다. 그도 그럴 것이 알렉스는 수십 개의 단어를 말할 줄 알았고 의미까지 이해했다.[5] 알렉스는 50개 이상의 대상을 구분할 줄 알았고 다양한 색과 모양도 구분했으며 더 크고 더 작은 것, 위에 있는 것 아래에 있는 것 같은 개념들도 이해했다(알렉스가 이 모든 것을 배우는 흥미로운 과정은 유튜브에서 alex-one of the smartest parrots ever로 검색하면 볼 수 있다).

고릴라 코코 경우처럼 회의주의자 과학자들은 너 나 할 것 없이 수많은 부정적인 글을 내놓았다. 요지는 '알렉스가 자신이 한 말을 이해한 것이 아니다.'였다. 알렉스는 단어를 말할 뿐 문장을 이해할 수는 없다고 말하는 사람들도 있었다. 다양한 연구원들이 조금씩 다르게 질문했음에도 알렉스는 다 대답할 수 있었다. 그럼에도 불구하고 클레버 한스 이야기가 다시 들먹여졌다.

알렉스의 언어와 지성 능력에 처음부터 관심을 갖고 연구했던, MIT와 하버드 출신의 과학자 아이린 M. 페퍼베르크 박사는 자신이 지난 30년 동안 얼마나 벽에다 대고 머리를 박는 것 같은 심정이었는지 설명했다. 알렉스가 영어로 이해하고 소통할 수 있음을 아무리 증명해도 사실이야 어떻든 동물은 생각할 수 없다고 이미 마음속으로 결정해버린 과학자들은 증거들을 다 묵살해버렸다.

자신의 책 『알렉스와 나(Alex and Me)』에서 페퍼베르크는 이렇게 썼다.

> 과학적으로 말해서 알렉스가 우리 모두에게 가르쳐준 가장 위대한 것은 바로 동물의 마음이 대다수의 동물 행동 과학자들이 믿고 있는 것보다 훨씬 더 인간의 마음과 비슷하다는 점이다. 이 과학자들은 이 점을 인정할 준비가 전혀 되어 있지 않은 것 같다.…… 알렉스는 우리가 동물의 정신에 대해서 너무도 모르고 있다는 것, 그곳에 앞으로 더 발견할 것이 무궁무진하다는 것을 알려주었다. 이런 통찰은 철학적, 사회학적, 그리고 현실적으로 심오한 의미를 지닌다. 이 통찰은 호모 사피엔스로서 우리 종이 자연을 보는 관점과 그 자연 속 우리 위치에 큰 영향을 줄 것이다.[6]

페퍼베르크의 선두적인 연구 이후, 앵무새들 중에서도 지능이 좋다는 아프리카회색앵무새를 기르는 사람이 많아졌다. 아프리카에서 자란 나는 그런 사람들을 많이 알았기 때문에 회색앵무새와 교감할 기회가 많았는데 그럴 때마다 아주 즐거웠다. 나도 회색앵무새에게 따뜻한 집을 마련해주고 싶은 열망이 컸지만 회색앵무새의 수명이 40~60년이나 되기 때문에 부모님이 반대했다. 나는 예민하고 흥미진진하고 때로 짓궂기까지 한 이 똑똑한 생명체와 어떤 방식으로든 언어를 넘어 멋지게 교감할 수 있다고 확신한다.

　나는 어릴 때부터 여러 마리 왕관앵무새를 우유를 먹여가며 키워봤기 때문에 앵무새들이 얼마나 감정이 풍부한지 잘 안다. 앵무새는 다른 많은 새들처럼 평생을 한 배우자만을 두기 때문에 때로는 매우 가슴 저린 상황이 펼쳐지곤 한다. 나의 한 친구는 어떤 앵무새가 가슴에 상처가 나 있는 걸 본 적이 있는데, 사연을 듣고 너무 마음이 아팠다고 했다. 그 앵무새의 반려인에 따르면 앵무새는 얼마 전에 짝을 잃었고 그때부터 몇 주 동안이나 부리로 자기 가슴을 쪼고 깃털을 뽑아내면서 슬픔을 표현했다고 한다.

　뉴욕을 기반으로 활동하는 아티스트 모르가나는 은키시라는 아프리카회색앵무새를 키우고 있는데 이 앵무새가 지성, 텔레파시 능력, 영어 학습 능력이 뛰어나 여러 흥미진진한 경험을 많이 했다. 텔레파시 관련 앵무새 연구가 흥미로운 것은 앵무새가 사람들이 계획하고 생각하고 느끼는 것에 대해 그야말로 적절한 언어로 반응한다는 점이다. 모르가나와 은키시는 매우 친밀한 관계였기 때문에 은키시는 종종 모르가나가 누군가와 통화하려고 전화기를 들 때 누구에게 전화하려고 하는지를 말했다. 또 모르가나는 보고 있지만 은키시는 볼 수 없는 TV 화면의 이미지를 말하곤 했다. 그리고 어떤 사람이 고층빌딩 난간에 가까이 걸터앉아 있으면 '떨어지지 마' 같은 말을 했다. 더 놀라웠던 것은 모르가나 침실에서 같이 자곤 하는 은키시가 심지어 모르가나의 꿈속에서 벌어진 일까지 언급한 것이다. 그날 모르가나는 꿈속에서 녹음 플레이어를 작동시키려 했는데 그때 은키시가 '버튼을 눌러야지'라고 말하며 모르가나를 깨웠다고 한다.

모르가나는 루퍼트 셸드레이크의 『반려인이 언제 돌아올지를 아는 개들(Dogs that know when their owners are coming home)』[7]을 읽고 셸드레이크를 만났다. 셸드레이크가 은키시의 텔레파시 능력을 객관적으로 증명하는 실험을 해보자고 제안했기 때문이다. 셸드레이크는 모르가나와 은키시를 같은 건물의 각기 다른 층에 있게 하고 카메라가 돌아가는 동안 모르가나로 하여금 은키시가 알고 있는 물건들에 대한 서로 다른 수많은 사진들을 통제된 상태에서 무작위로 보게 하는 실험을 진행했다. 그 결과 71개 물건 중에 은키시는 23개의 물건을 정확하게 잡아냈다. 이것은 우연히 맞힐 수 있는 확률을 훨씬 넘어서는 수치이다.[8] 셸드레이크는 이 실험을 비롯한 다른 여러 흥미로운 실험들을 그의 책 『응시 받는 느낌: 그 외 확장된 정신의 다른 측면들(The Sense of Being Stared At: and other aspects of the extended mind)』에서 자세히 설명하고 있다. 셸드레이크의 은키시 실험 비디오를 보고 싶다면 내 블로그를 방문하기 바란다. davidmichie.com/do-animals-use-telepathy-to-communicate-intriguing-video-evidence/

이타주의와 자비심 – 영적인 삶을 드러내는 성질들

다른 종의 동물과 유독 잘 소통하는 종들이 있다. 인간의 언어를 직절히 이해하고 반응할 수 있는 영장류 혹은 앵무새가 웨스트로우랜드고릴라나 아프리카회색앵무새의 말을 이해하고 적절히 소통할 수 있는 인간보다 더 많을 것이다.

더구나 텔레파시는 동물 사회에서 일상이라고까지는 못해도 거듭 일어나는 일이고 인간의 경우는 그렇지 못하다. 많은 사람이 텔레파시를 통한 메시지를 주고받는 경험을 하거나 최소한 그런 경험을 하는 사람을 알고 있다고는 하지만 늘 그럴 수 있는 것은 분명 아니다. 인간은 언어와 몸짓으로 소통한다. 아주 옛날에는 그보다 더 미세한 방식으로 소통할 수 있었다고 해도 그 능력이 파도 같은 머릿속 생각과 마음속 동요에 휩쓸려 사라진 지 오래이다.

직감과 텔레파시는 아주 미세한 자연적 현상인데 대부분 우리의 마음은 수많은 세대를 지나면서 너무 시끄럽게 변해서 그것들을 느끼는 능력을 대폭 상실했다.

다른 종에게 마음을 열고 싶을 때 인간은 그들의 언어를 알고 싶어 하고 나아가 그들에게 공감 능력과 동정심이 있는지 알고 싶어 한다. 하지만 영적인 삶을 영위하는 데 꼭 필요하다는 공감 능력과 동정심을 우리 인간보다 동물들이 더 많이 갖고 있는 건 아닐까? 지구에서 그렇게 오랫동안 같이 살아왔는데 우리는 아주 최근에 와서야 마음을 내 그들이 서로 소통하고 생각하고 느끼는 방법들을 제대로 이해하려고 하는 중이다.

앞 장에서 우리는 아픈 반려인을 구하기 위해 창문을 깨 지나가는 행인을 놀라게 한 반려견, 불이 날 것을 경고하기 위해 가족을 깨운 골든리트리버, 슬퍼하는 반려인을 신이 내린 듯 크게 위로한 러시안 블루 고양이 같은 아주 수준 높은 알아차림 능력과 이해심과 열정을 보이고 계획성과 지성까지 겸비한 개와 고양이의 예를 여럿 살펴보았다. 이 이야기들은 사람들이 내게 해준 수많은 이야기의 극히 일부에 지나지 않는다. 제니퍼 스키프의 재미있는 책『개의 신성(The Divinity of Dogs)』에도 유사한 이야기들이 많이 나온다. 최근에 나는 태즈메이니아섬에 사는 한 반려견에 대한 이야기도 들었다. 이 개는 젊은 부부와 아이들로 구성된 평범한 가정에서 살았다. 아침이면 아버지는 항상 항구로 가서 페리를 타고 출근을 했는데 어느 날 아침 아버지가 집을 나서고 20분 정도 지나자 개가 갑자기 안절부절못하며 짖어댔다. 그러고는 미친 듯이 현관문을 긁어댔다. 집에 있던 엄마가 문을 열어주었는데 개는 밖으로 나가더니 다시 뒤를 돌아보며 엄마에게 따라오라는 신호를 보냈다. 개의 행동이 너무 이상했고 재촉하는 느낌이어서 엄마는 따라 나갔고 이어 남편이 매일 가는 길을 그대로 따라가게 되었다. 그리고 페리 선착장 근처에서 심장마비로 쓰러진 채 고통스러워하던 남편을 보았다. 아내는 재빨리 도움을 요청했고 남편은 생명을 구할 수 있었다. 강력한 초감각적 인식 능력도 놀랍지만 이 얼마나 효율적이고 열정적인 대처인가?

개와 고양이만 이런 능력을 갖고 있는 것이 아니다. 독자들이 보내준 아름다운 이야기는 차고 넘친다. 예를 들어 다음은 벨기에의 마르요리네 데 그루트가 전해준 자신의 말 바스코에 대한 이야기이다.

아버지가 돌아가셨을 때 저는 며칠째 혼자 멍한 상태였죠. 아무도 만나고 싶지 않았어요. 그때 누가 밖으로 나가서 말을 타면 좋을 거라고 했죠. 제 말 바스코는 늘 무슨 귀신이라도 보는지 숲에만 들어가면 이리 뛰고 저리 뛰고 난리라 항상 조심해야 하죠. 그런데 그 주는 달랐어요! 나중에 생각해보니 그랬어요. 저는 녀석 등에 안장을 얹고 매일 숲으로 갔어요. 평소에는 제가 녀석을 데리고 걷는 편인데 그때는 녀석이 저를 데리고 걸었어요. 전에 없이 상냥하고 조용했죠. 바람에 살랑대는 나무 이파리나 물에 비치는 영상만 봐도 날뛰던 녀석인데…… 그보다 더 편하고 멋질 수 없었죠. 제가 슬픔을 극복하고 기운을 되찾자 녀석은 다시 옛날 모습으로 돌아왔어요. 그렇게 돌아온 모습을 본 그때 그 한 주 동안 녀석이 저를 위해 해준 일을 깨달았죠. 저를 보살펴준 거예요. 제가 어딘가 좋지 않다는 걸 느끼고 보호해준 거죠.

귀여운 돼지 룰루의 이야기도 동물의 동정심이 얼마나 대단한지 보여준다. 룰루의 반려인 조 앤 앨츠맨은 펜실베이니아에서 휴가를 보내던 중이었는데 심장마비가 왔다. 반려인이 쓰러지며 필사적으로 도움을 요청하는 모습을 보던 룰루는 숙소를 빠져나와 정문 밖 거리로 나가 대로 한가운데 드러누웠다. 자동차 몇 대가 룰루를 무시하고 지나간 다음 마침내 어떤 남자가 차에서 내려 룰루가 어디 다친 건 아닌지 확인했다. 룰루는 그 남자를 반려인이 쓰러져 있는 숙소로 데리고 왔다. 남자는 구급차를 불렀고 조 앤은 살아서 이 이야기를 전해주었다.●9

최근에야 연구가 시작된 동물의 한 특성은 바로 공평함이다. 『타임』지 선정 가장 영향력 있는 100인 중 한 명이며 오랜 세월 영장류 연구에 몸 바친 프랑 드 발은 말했다. "영장류는 어떤 일을 한 대가로 오이를 받으면 기분 좋게 먹다가도 다른 영장류가 똑같은 일을 하고 더 맛있는 포도를 받는 것을 보면 오이를 집어 던지며 화를 내고 스트라이크에 들어간다. 맛있던 음식이 다른 친구들이 더 맛있는 것을 받는 모습을 보자 참을 수 없는 음식으로 바뀐 것이다." ●10

개를 대상으로 한 실험도 비슷하다. 개의 경우 다른 개가 반려인이 시킨 일을 속임수로 한 것처럼 했는데도 보상을 받는 모습을 보면 영장류처럼 '스트라이크'에 들어간다. 공평, 평등 같은 특성들은 이른바 인식 능력이 있다는 인간들이 볼 때 지적 개발을 위한 언어 능력이 없는 존재들이라면 감히 엄두도 못 낼 대단한 특성들이었다. 하지만 과학적 연구 결과들은 이제 다른 말을 하고 있다.

반려동물을 키우는 사람들은 털이나 깃을 가진 친구들이 보내는 공감과 동정을 넘치도록 경험한다. 하지만 친밀한 관계가 아니라도 그런 경험은 충분히 가능하다.

저명한 생태학자이자 영장류 전문 동물학자인 제인 구달에 따르면 침팬지와 보노보(난쟁이 침팬지)들은 수영을 할 수 없음에도 익사할 처지에 놓인 친구들을 돕는 '영웅적인 노력'을 보인다고 한다. 예를 들어 8세 미국 소년이 브룩필드 동물원의 원숭이 우리 안 물웅덩이 속으로 떨어지면서 의식을 잃은 적이 있었는데 그 모습을 보던 암컷 고릴라 빈티 주아가 소년을 안아 우리 문 쪽으로 데리고 간 다음 관리자에게 건네주었다고 한다.[11]

얼마 전 인도에서는 감전을 당해 의식을 잃고 기차역 철로로 떨어진 어느 원숭이를 동료 원숭이가 구하는 모습이 소셜미디어를 타고 돌기도 했다. 기차역 승강장에서 열차를 기다리고 있던 군중들이 휴대전화로 그 모습을 촬영하는 동안 그 원숭이는 쓰러진 원숭이를 철로에서 끌고 나왔고 흔들어 깨우려 했고 근처 수로에 머리를 적셔주며 깨어날 때까지 최선을 다했다.[12]

공감 능력이 영장류의 전유물이라는 생각은 시카고 대학 연구팀에 의해서도 전복되었다. 이 팀의 팀원이자 신경과학자인 페기 메이슨은 어떤 용기 속에 빠져 밖으로 나오지 못하는 쥐를 다른 쥐들이 당연한 듯 구해주는 모습을 보여주었다. 메이슨은 "인간은 남을 도울 수 밖에 없도록 진화해왔다. 그러므로 곤란한 상황에 처한 다른 존재를 도와야하겠다고 '결심'할 필요도 없다. 다만 우리 안의 동물성을 그대로 드러내기만 하면 된다."라고 말했다.[13]

페기 메이슨은 이타주의가 인간에게만 해당하는 소중한 덕목이 아니라 사실은 모든 의식적 존재들이 공유하는 덕목이라고 말하고 있는 것이다. 과학자들이 하는 말치고 참으로 신선하고 대담한 말이 아닐 수 없다!

심지어 물고기조차 동정심을 표시한다는 점에서 우리와 다를 바 없는 존재임을 보여준다. 옥스퍼드 대학 케이틀린 뉴포트 박사의 최근 연구에 따르면 물고기는 인간의 얼굴을 인식할 수 있다.●14 물고기가 그런 복잡한 인식 능력을 갖고 있다는 사실은 많은 사람을 놀라게 했다. 물고기는 생각하고 느낄 뿐만 아니라 협력하고 타협하기도 하며 그 외에도 예상 밖의 정신적 능력들을 많이 보여주고 있다.●15 유명한 물고기 생물학자 빅토리아 브레이트웨이트는 자신의 책『물고기는 고통을 느끼는가?(Do Fish Feel Pain?)』에서 이렇게 결론 내린다. "나는 물고기가 새나 포유류만큼, 그리고 인간 신생아와 조산아보다 더 많은 고통과 괴로움을 느낄 수 있음을 입증했다."●16

케임브리지 선언 – 모든 동물은 의식적 존재이다

최근 몇 년 동안, 동물 인지 능력 분야의 선도적인 과학자들과 많은 동물 애호가들의 연구에 힘입어 우리는 동물이 지각 있는 존재임을 더 많이 믿게 되었다. 독단적인 동물행동주의에서 벗어난 새 세대 과학자들은 인간에 의한 작위적인 척도만을 적용하는 것이 얼마나 부조리한지 잘 알고 동물의 입장에서 동물을 연구하는 방식에 적극적이다.

양자과학의 의미가 속속 드러난 것도 의식과 소통에 대한 기존의 생각들을 바꾸는 데 기여했다. 이제 예전보다 많은 사람이 물질만 존재하기는커녕 물질 자체가 거의 없다는 점을 인식하고 있다. 세상은 우리가 한때 믿었던 것처럼 그렇게 단단하지 않다. 물질은 언제든 에너지가 될 수 있고 이런 발견이 최근까지 설명할 수 없었던 것들을 설명하는, 새로운 차원의 가능성의 문을 활짝 열어젖혔다. 예를 들어 주체와 객체라는 이분법이 왜 환상인지, 관찰자가 피관찰자에게 어떻게 영향을 줄 수 있는지, 물리적 제약을 초월해버리는 현상이 왜 나타나는지 등이 조금씩 설명되고 있다. 이런 설명들은 물질주의의 편협한 가정들이 틀렸음을 증명하고, 텔레파시 같은 개념들이 비과학적이기는커녕 하나의 사실이 되는, 에너지 영역 속 짜릿한 가능성들을 보여준다. 알베르트 아인슈타인의 말을 빌리면 이렇다.

인간은…… 자아 그리고 자신의 생각과 느낌을 나머지 세상과 분리된 것으로 경험한다. 이것은 우리 의식이 저지르는 일종의 시각적 착각이다. 이 망상이 감옥처럼 우리를 몇몇 가까운 사람에 대한 개인적 욕망과 애정 속에 가둬버린다. 모든 살아 있는 존재들, 그 아름다운 존재들의 본성을 이해하려고 끊임없이 노력하고 자비를 보이는 것으로 이 감옥에서 벗어나는 것이 우리의 과제가 되어야 한다."[17]

달라이 라마도 이렇게 말했다. "진정한 행복은 자신이나 가까운 사람의 안녕을 위한 편협한 노력이 아니라 세상 모든 의식적 존재들에 대한 사랑과 자비를 키우는 데서 온다."[18]

2012년 7월에 있었던 케임브리지 선언(The Cambridge Declaration)도 동물이 의식적 존재라는 공식적인 인식을 넓히는 데 크게 공헌했다. 스티븐 호킹을 주빈으로 초청한 가운데 국제적으로 걸출한 과학자들이 한자리에 모여 의식을 경험하는 존재가 인간만이 아님을 선언했다. 다음은 이 선언의 중요한 부분을 발췌해놓은 것이다.

우리는 다음의 것들을 선언한다. 신피질이 부재하다고 해서 한 유기체가 감정과 정서를 경험하지 못하는 것은 아니다. 인간 이외의 동물들도 의식적 상태를 야기하는 신경해부학적, 신경화학적, 신경생리학적 기질들을 보이며 동시에 의도적인 행위를 할 능력도 갖고 있음이 여러 증거들의 수렴으로 드러났다. 결론적으로 여러 수많은 증거들이 의식을 야기하는 신경학적 기질들을 소유하고 있는 존재가 인간만이 아님을 말해준다. 포유류, 조류는 물론 문어 같은 다른 수많은 존재들을 포함한 인간 이외의 모든 동물도 신경학적인 기질들을 갖고 있다.[19]

아주 오랜 세월이 걸렸지만 서양의 과학자들과 동양의 스승들이 이제 같은 시대를 향해 가고 있다. 이제는 인간이든 동물이든 모든 존재가 다 의식적인 존재임에 동의하고 있는 것이다. 살아 있는 존재라면 모두 마음을 갖고 있다. 기본적으로 이 사실을 받아들여야만 이 책의 내용을 이해할 수 있다. 이 책에서 우리는 어떻게 하면 우리와 반려동물의 의식을 서로에게 가장 좋게 이용할 수 있을지 살펴볼 것이기 때문이다.

자연에 가깝게 산다는 것:
텔레파시가 흔했던 인간 사회

텔레파시가 순진한 사람이나 믿는 이상하고 신기한 현상이 아니라 원래는 상당히 자연스러운 능력인데 우리 마음이 그냥 지나치게 바빠져서 오래전에 잃어버린 능력이라면 어떨까?

문자 이전 사회 사람들을 보면 동물에서 보이는 것과 같은 고요한 마음도 보이고 텔레파시를 이용한 소통도 보인다. 남아프리카공화국의 철학자이자 심리학자이고 융의 동료였던 로렌스 반 데르 포스트는 자신의 책 『칼라하리의 모험(The Lost World of the Kalahari)』에서, 1955년 BBC 방송의 요청으로 다큐멘터리를 만들기 위해 산(San) 족들과 함께 살았던 이야기를 전해준다. 산 족은 부시맨으로 더 잘 알려졌다. 로렌스는 산 족이 영양을 잡는 사냥에 따라간 적이 있다. 그는 다버라는 이름의 산 족 사람에게 집에서 기다리는 다른 사람들이 사냥이 성공적으로 끝난 걸 보고 뭐라고 할 것 같으냐고 물었다. 그러자 다버는 집에 있는 사람들은 이미 다 알고 있다고 말했다. 그 말에 어떻게 반응해야 할지 몰랐던 로렌스는 무슨 말이냐고 되물었다. 도시에서 백인들이 전보를 치는 모습을 본 적이 있는 다버는 자신의 가슴을 툭툭 치며 "우리 부시맨들은 이 가슴에 전선이 있어서 소식을 전해줍니다."라고 했다. 마을로 돌아와 보니 아니나 다를까 마을 사람들은 이미 모여서 〈영양의 노래〉를 부르며 사냥의 성공을 축하하고 있었다.[20]

인류학자이자 성공회 성직자이기도 했던 아돌퍼스 엘킨 교수는 호주 서쪽의 외딴 곳, 킴벌리의 원주민들을 그들이 바깥세상과 접촉하기 전부터 오랜 기간 면밀하게 관찰했다. 특히 그들이 보여주었던 먼 거리 텔레파시 능력, 치유 능력, 유체 이탈을 하고 영혼을 보는 능력에 주목

했다. 그리고 엘킨은 그들이 그런 능력을 보이는 것은 고요한 숲에서 고립되어 살고 시간 감각이 없고 새로운 경험에 마음이 열려 있기 때문이라고 추정했다.[21]

자연과 가까이 살며 더 고요하고 더 알아차리는 삶이 그런 심리적 현상을 불러일으킨다는 증거를 찾기 위해 꼭 과거로 돌아가야만 하는 것은 아니다. 나는 얼마 전에 이 주제로 한 친구와 대화를 나눈 적이 있는데 그 친구가 작년에 몽골에서 조랑말을 타고 트레킹을 할 때 경험했던 이야기를 들려주었다. 억세 보이는 유럽 남자 서너 명을 포함, 열여섯 명으로 이루어진 무리가 함께 트레킹을 했는데 그날도 여느 때처럼 그날 밤 묵을 숙소 문제를 논의했다고 한다. 마침 몽골인 한 명이 근처에 예전에 가본 적이 있는 농장이 하나 있다고 했고 그곳에 부탁할 수 있을 거라고 했다. 그래서 무리는 농장 쪽으로 향했고 마침내 나무 집 몇 채만 덩그러니 놓여 있는 곳에 도달했다.

무리를 이끌던 사람과 내 친구는 농장 안으로 들어가서 주인장 여인에게 그곳에 묵어도 되겠냐고 물었다. 그러자 나이든 여인이 가족이 머무는 소박한 방을 보여주었는데 바로 그곳에서 친구는 깜짝 놀라고 말았다. 식탁에는 김이 모락모락 나는 만두가 차려져 있었고 스토브의 큰 냄비에는 수프가 끓고 있었다. 트레킹 무리가 올 줄 알고 미리 저녁까지 준비해놓았던 것이다.

어떻게 알았을까?

여인은 어깨를 으쓱하며 웃기만 할 뿐이었다. 나중에 말하길 그날 아침 열여섯 명의 남자들이 산을 너머 자기 집으로 오는 모습을 '보았다'고 했다. 그중에는 '덩치가 큰 외국인'도 몇 명 있었다고 했다. 여인은 그들을 위해 밥을 지었던 것이다.

이메일도, 와이파이도, 에어비앤비도 필요 없다!

3장.
동물을 위한 티베트 불교의 몇 가지 조언

인도의 대승 바수반두는 매일 지붕 위에 올라가 아비달마구사론을 암송했다. 매일 그의 암송을 듣던 비둘기가 있었다. 덕분에 아비달마구사론이 마음속에 강하게 각인된 비둘기는 다음 생에 인간으로 태어났다. 비둘기가 어떻게 되었는지 궁금했던 바수반두는 초능력을 써서 비둘기가 이웃마을의 어느 집 아기로 태어났음을 보았다. 바수반두는 그 집을 찾아가보았다. 몇 년 후 그 아이는 바수반두 아래 스님이 되었고, 바수반두는 그 스님에게 로덴(Lobpon Loden)이라는 법명을 내려주었다. 로덴은 아비달마구사론에 통달한 스님이 되었다.

반려동물이 잘 살다가 잘 돌아갈 수 있도록 돕는, 티베트 불교가 말하는 원칙들은 어떤 것이 있을까? 이 장에서는 반려동물을 돕고자 하는 우리의 목적에 부합하는 티베트 불교의 주요 개념들을 정리해 보려 한다. 물론 이 책에서는 간단한 정리에 그치겠지만 다 심오한 의미가 있는 원칙들이다.

티베트 불교에 대해 더 자세히 알고 싶다면 그 개관을 설명한 『바쁜 사람들을 위한 불교(한국어 가제임, 데이비드 미치 저작, 원제는 Buddhism For Busy People-옮긴이)』와 다르마, 즉 붓다의 가르침을 일상의 결 속에 통합하는 법을 다룬 『깨달음, 싸가지고 가실래요?(한국어 가제임, 데이비드 미치 저작, 원제는 Enlightenment To Go-옮긴이)』를 참고하기 바란다.

인간이든 동물이든
모든 존재에게는 마음이 있다

티베트 불교에서는 의식을 가진 존재를 '셈 첸스(sem chens)'라고 하는데 '마음(mind)을 가진 자'라는 뜻이다. 이 점에서 인간과 동물은 같다.

바퀴벌레나 새가 인간 같은 지성을 갖고 있다고 주장하는 것이 아니다. 개도 그런 면에서는 우리와 다르다. 여기서 말하는 '마음'은 그보다는 훨씬 미묘한 개념이다.

서양 사람이 불교를 이해하기 힘든 데에는 많은 이유가 있겠지만 산스크리트어나 팔리어로 쓰인 개념들을 정확하게 번역할 어휘가 부족한 것도 그 이유 중에 하나이다. 예를 들어 어떤 언어에는 겨울에 내리는 눈을 뜻하는 어휘가 아주 많다. 그 세상에 사는 사람들에게는 서로 다른 눈의 미세한 차이들이 아주 확연하게 다가오기 때문이다. 의식에 관해서도 마찬가지다. 의식의 서로 다른 많은 측면들을 영어로 번역하려다 보면 때로는 그 미세한 차이들을 한 단어로 뭉뚱그려 설명할 수밖에 없다.

모든 존재에게 있다는 '마음'은 감각도 아니고 지각, 지성, 기억, 개성도 아니고, 그 외에 보통 서양인들이 '마음이다'라고 생각하는 그 어떤 것도 아니다. 여기서 마음은 그런 것들보다 더 미세한 어떤 현상을 뜻한다. 다시 말해 청정함(clarity)과 인식(cognition, 앎)이 형태 없이 이어지는 하나의 연속체이다.

'형태 없이'라고 한 것은 마음이 물질이 아니기 때문이다. 무언가 만질 수 있는 것을 두고 '이것이 마음이다.'라고 할 수는 없다.

'연속체'는 에너지의 연속을 말한다. 강물이 흘러가는 것처럼 경험 안에서 한순간의 마음이 다음 순간의 마음으로 계속 이어지는 것이다. 마음은 언제나 동적이라 멈추는 법이 없다. '연속체'는 또 각각의 마음이 바로 그 이전의 마음에 의해 일어남을 말해준다. 그렇다고 직선적인 방식은 아니고 이전에 심어놓은 원인이 그 효과를 드러내는 방식이다(마음은 늘 불쑥 새로운 마음을 부른다. 우리 마음을 조금이라도 들여다본 사람이라면 무슨 말인지 알 것이다).

'청정함'은 마음의 한 측면으로, 청정함이 있기 때문에 무엇이 떠오를 때 마음이 그것을 감지하고 반성하고 경험할 수 있다. 불교 스승들은 이 성질을 설명할 때 비유를 많이 드는데 하늘의 비유도 그중에 하나이다. 청정함이 하늘이고 모든 생각, 지각 혹은 감각이 다 그 하늘을 통과하는 구름이다. 우리는 하늘과 구름을 혼동해서는 안 된다. 우리 생각이 우리가 아니기 때문이다. 생각, 믿음, 해석 모두 마음에서 일어나 머물렀다가 깨끗이 사라질 것들이다. 당신이 그동안 했던 어떤 생각도 지금 이 책의 이 문장을 읽는 동안에는 당신 마음속에 없다. 생각은 절대 영원하지 않고 우리가 다시 불러들이지 않는 한 우리 마음속에 들어올 수 없다.

우리는 우리 생각이 우리가 아님을 깨달을 수 있고 생각을 할지 말지를 선택하고 생각의 희생자가 아니라 관찰자가 되는 기술을 배울 수 있다. 이 기술은 삶의 질을 높여주는, 우리가 배울 수 있는 가장 강력한 기술이다. 이 점에 대해서 더 자세히 알고 싶다면『명상이 초콜릿보다 좋은 이유(한국어 가제임, 데이비드 미치 저작, 원제는 Why Mindfulness Is Better Than Chocolate-옮긴이)』를 참조하기 바란다.

'인식'은 지각하고 이해하는 능력이다. 감지하고 해석하고 생각하고 기억하고 계획하고 시각화하는 능력을 포함한 우리의 모든 정신적 활동을 포괄하는 말이다. 마음의 청정함에 의해 경험이 일어나면 마음의 인식 기능이 있어 그 경험을 이해할 수 있다.

인간이든, 고양이든, 비둘기든, 알파카든, 살아 있는 존재라면 모두 '청정함과 인식이 형태 없이 이어지는 하나의 연속체'인 마음을 갖고 있다.

인간이든 동물이든
모든 존재는 불성을 갖고 있다

마음이 있다면 깨달을 수도 있다. 티베트 불교는 궁극에 가서는 모든 존재가 깨달을 것이라고 말한다. 우리가 모두 깨달을 수 있는 것은 우리 모두 사랑과 자비를 비롯해서, 지속적으로 계발할 경우 성불의 원인이 될 덕목들을 갖고 있기 때문이다.

깨달음에 매진하느냐 않느냐는 물론 우리 자신에게 달려 있다. 흥미롭게도 우리를 긍정적인 방향으로 이끄는 티베트 불교가 말하는 행위들은 대체로 다른 대종교들이 강조하는 것들과 크게 다르지 않다. 예를 들어 물질은 덧없는 것이라 믿을 수 없다, 그에 반해 사랑과 자비를 실천할 때 몸과 마음의 지속적인 행복이 찾아온다, 베풀 때 받는다, 깊은 사색에 기반한 행동이 가장 생산적이다 같은 것들이 있다. 종교적 신념에서든 비종교적 신념에서든 긍정적인 원인을 만든다면 긍정적인 결과만이 도출된다.

동물 특히 반려동물 문제를 다룰 때 우리만큼이나 불성을 갖고 있는 존재를 대하고 있다는 사실을 알고 기본적인 존경심을 계발하는 것이 도움이 된다. 그리고 깨달음의 과정이 길다는 것을 고려할 때 우리의 개 혹은 고양이가 우리보다 먼저 깨달을지 누가 알겠는 가?

8세기에 세계 최초 자기계발서라 할 만한『입보리행론(A Guide to the Bodhisattva's Way of Life)』을 저술한 대승, 샨티데바(적천)도 인생은 번갯불같이 짧다고 했다. 지금 우리가 기르는 앵무새가 현재 그렇게 살고 있는 것이 단지 부정적인 카르마 때문이고 그렇게 살고 나면 다음 생에는 비범한 인간으로 태어날 수도 있지 않겠는가? 어쩌면 다음 생에는 우리 어머니나 아버지로 태어날지도 모른다. 우리의 반려견이 우리보다 먼저 깨달을 수도 있음을 누가 과연 부인할 수 있겠는가? 이 생에서 우리는 인간으로 태어났고 인간은 깨달음을 위한 씨앗을 심기에 가장 최적의 형태라고들 한다. 하지만 미래는 알 수 없다. 반려견이나 우리나 각자가 하는 행동이 그에 따른 결과를 부르기는 매한가지다. 현재 우리 서로가 이런 모습으로 만났다고 해서 다음 생에도 꼭 그렇지는 않을 것이다. 그런 점을 잘 알고 행동하는 것이 유익하며 이것은 겸손함인 동시에 현실을 제대로 보는 것이다.

우리는 사랑하는 반려동물이 불성 발현을 위한 씨앗을 심도록 도울 수 있고 또 도울 책임이 있다. 반려동물이 이 생을 살아가는 동안 우리는 그들을 위해 그리고 우리를 위해 많은 일을 할 수 있다. 이 책에서 앞으로 등장할 많은 수행법들이 바로 우리가 할 수 있는 일들이다.

누구나 자신의 생명이 가장 중요하다

누구에게나 살아 있음은 가장 중요하다. 이것에 개념적으로 동의하기를 거부하는 사람은 없겠지만 살아가면서 삶이라는 것이 너무 짧고 소중하다는 사실을 자꾸 잊는 것 같다. 그리고 아무 근거도 없이 오래오래 살 거라고 생각한다. 사람들은 종종 월요일이나 화요일에 '오늘이 금요일이라면 좋겠네'라고 말한다. 안 그래도 짧아서 소중한 시간이 더 빨리 지나가버리길 바라는 것인가?

대체로 우리는 지금 당장 즐겁고 충만하게 살아갈 수 있음에도 그러지 못하고 오지 않을 미래만 바라보고 산다. '~하기만 하면 행복할 텐데' 증후군에 빠져 있는 것이다. 평생을 같이할 짝만 만나면, 아이만 생기면, 아이들이 커서 독립만 하면이라든가 이 일만 이루어지면 좋을 텐데라고 생각하며 현재에 살지 못한다. 그러나 그 일이 이루어진다고 해도 끝나는 것은 그 일 하나뿐이다.

그리고 교통사고를 당하거나 큰 병이 들고서야 순간순간의 삶이 얼마나 소중한지 깨닫는다. 불교는 죽음을 직시하는 명상을 정기적으로 하라고 한다. 음울한 집착처럼 보일 수도 있지만 사실은 그 반대이다. 자신의 죽음을 직시할 때만 진정으로 사는 법을 알게 된다. 하루하루가 얼마나 소중한지 생생히 깨달을 때만이 진정으로 지금 여기에 살 수 있고 누가 그리고 무엇이 진짜 중요한지 알게 된다.

우리는 미래만 바라보느라 현재를 충분히 살지 못하는 경향을 우리 동물 친구들에게 강요하지 않도록 조심해야 한다. 우리와 비교했을 때 그 수명이 눈 깜짝할 새 끝날 생명체라면 막연히 늘 그렇게 그 자리에 있을 거라고 가정해서는 더더욱 안 될 것이다. 인생은 바로 여기 이 순간을 사는 것이고 그것으로 충분히 좋다. 내일 날씨가 더 좋다고 하니 반려견과의 산책을 내일로 미룰 수 있다. 하지만 그럼 우리 반려견은 어떻게 오늘을 최고의 오늘로 만들 수 있겠는가? 고양이 털을 반복해서 빗어주는 일이 지루할 수도 있다. 하지만 그런 일을 해줄 시간이 얼마 남아 있지 않다면 어떨까? 그런 생각이 들면 특별한 교감을 불러일으키는 그 일을 더 성심성의껏 하게 되지 않을까?

삶의 모든 순간이 소중함을 알 때 삶 그 자체가 신성해진다. 그럼 우리의 삶이 우리에게 가치 있는 것처럼 동물의 삶도 그 동물에게 꼭 그만큼 가치 있는 것임도 알게 된다. 생명이 위협받을 때 동물들이 취하는 행동을 보면 그들에게 삶이 얼마나 소중한지 알 수 있다. 어미는 새끼를 보호하기 위해 목숨을 걸고 싸우고 생명이 위험에 처했음을 감지하면 동물들은 살기 위해 죽을힘을 다한다.

방대한 평원에서 거인이 가스 분사기를 들고 우리를 죽이겠다고 쫓아오면 우리도 바퀴벌레처럼 행동할 것이다. 부엌 바닥에서 살 곳을 찾아 안간힘을 쓰며 사방으로 기어가는 바퀴벌레 말이다.

사실 삶을 무가치하게 보는 태도는 인간만의 고유한 특성이다. 다른 의식적 존재들이 자살한다는 증거는 없다. 자연에 사는 동물

중에 자학을 하는 동물은 거의 없다. 그리고 여러 종류의 자기 파괴적인 행위는 선진국 의료 기관들이 직면하고 있는 큰 문제들 중에 하나이다.

불교는 의식을 가진 존재라면 누구나 자신의 생명을 다른 어떤 것보다 소중하게 여긴다고 본다. 그러므로 우리는 다른 존재의 삶을 보호하기 위해 노력해야 한다. 불살생의 맹세는 불교도가 되는 데 꼭 (그리고 유일하게) 필요한 것인데 그만큼 이 원칙이 중요하다는 뜻이다.

우리는 모두 다 행복하고 싶고 편하고 싶다

우리 인간처럼 세상의 다른 모든 존재들도 행복하기를 원하고 고통은 피하고 싶어 한다. 누구나 알고 있는 이 말을 자꾸 하는 것은 우리가 그렇다는 사실을 자꾸 잊어버리기 때문이다. 행복하면 할수록 좋은 것 같다. 아무리 즐거워도 더 즐겁고만 싶다. 그만큼 약간의 불편함이나 고통에도 질색한다.

하지만 그렇게 행복을 추구하다 보면 다른 존재의 사정을 간과하거나 도외시하게 된다. 샨티데바는 이렇게 말했다.

제일 먼저 나는
나와 다른 존재들이 같음을 명상해야 한다.
나를 보호하듯 다른 모든 존재들도 보호해야 한다.
쾌락을 좇고 고통은 피하고 싶다는 점에서 우리는 모두 똑같기
때문이다.

나나 다른 존재나
행복하고 싶다는 점에서 똑같다면
나만 특별할 게 무엇인가?
왜 나만의 행복을 위해 애써야 하나?

나나 다른 존재나
고통을 피하고 싶다는 점에서 똑같다면
나만 특별할 게 무엇인가?
왜 나는 보호하고 타인은 보호하지 않는가?

우리는 반려동물이 살면서 경험하는 상황들에 막대한 영향력을 행사한다. 맛있고 영양가 높은 음식과 편안한 잠자리를 제공하고 몸과 영혼이 잘 자라는 데 도움을 줄 자극과 애정을 제공하고 소풍도 기줄 수 있는 힘이 우리에게는 있다.

그러니 이보다 더 좋은 기회가 또 있을까? 다른 존재를 위해 사랑과 시간과 물질을 제공할 때 가장 먼저 혜택을 보는 존재는 바로 우리 자신이다. 많은 종교들이 반복해서 말하는 변하지 않는 황금

률, '남에게 대접을 받고자 하는 대로 너희도 남을 대접하라.'는 가르침도 주는 대로 받는다고 말하는 것이다. 이것의 증거를 원한다면 당신이 아는 세상에서 가장 행복한 사람을 떠올리면 된다. 이들은 늘 베풀고 싶어 한다.

크게 베풀거나 박애주의를 펼치라는 말이 아니다. 발뒤꿈치를 따라다니는 고양이를 한 번 쓰다듬어 주는 것, 밖에 나가자며 리드줄을 물고 서 있는 반려견의 바람을 들어주는 것, 체온을 올리기 위해 깃털을 펄럭이는 새를 조금 보살펴주는 것 같은 매일매일 할 수 있는 걸 말하는 것이다. 작은 일을 큰 사랑으로 하면 된다. 누구나 열망하는 깊은 행복감은 다른 존재와의 자애로운 교감에서 나온다. 이것을 알 때 삶이 더욱 윤택해질 것이다.

반려동물에게 착한 인과를 만들어주기

우리는 대체로 행복과 불행의 원인이 우리 밖에 있다고 부단히도 믿고 싶어 한다. 집, 가정, 경력, 장난감, 재정적 안정을 비롯한, 행복을 만드는 레시피에 들어가는 재료라 생각되는 모든 것들, 그 외부적인 것들을 얻으려고 엄청난 에너지를 쏟아 붓는다.

하지만 우리 마음 밖의 이러한 것들은 약간의 도움만 될 뿐이다. 행복감을 일으키는 것은 바로 우리 마음 그 자체이다. 우리가 처한 환경에 대한 우리의 생각이 환경 자체보다 행복을 얻는 데 훨씬 더 결정적인 역할을 한다. 두 사람이 똑같은 환경에 처해 있어도 느끼는 것은 완전히 다를 수 있다. 환경을 서로 다르게 해석하기 때문이다. 이것은 불교만이 아니라 심리치료에서 현재 가장 폭넓게 이용되고 있는 인지 행동 치료의 바탕이기도 하다.

왜 우리는 세상을 다르게 보는 걸까? 그것은 각자에게 익숙한 사고방식이 서로 다르기 때문이다. 불교적으로 말하면 카르마가 서로 다르기 때문이다.

매 순간 우리는 그 어떤 생각과 행동의 패턴들을 강화하는데 이 패턴에 따라 우리의 미래 경험이 결정된다. 부정적 경향, 가난, 갈등, 두려움에 주의를 집중한다면 그런 것들을 점점 더 많이 경험하게 될 것이다. 마찬가지로 감사, 자비, 열린 마음에 집중한다면 교감하며 행복을 누리는 능력이 점점 더 좋아질 것이다. 행복하려면 먼저 행복을 위한 씨앗을 심어야 한다.

생각이 행동으로 옮겨질 때 우리는 다른 존재들과 교류하고 이것은 그들과의 관계만이 아니라 미래에 올 또 다른 존재들과의 관계에도 영향을 미친다. 그리고 멀리 갈 것도 없이 이 생에서 인과론이 작동하는 분명한 모습을 볼 수 있다. 부정적이고 인색한 사람들은 점점 더 부정적이고 인색해지는 경향을 보인다. 감사할 줄 알고 마음이 열린 사람들은 점점 더 거침없고 자연스럽게 베풀 줄 알게 된다.

우리 의식을 그 어떤 상황과 관계로 던져 넣는 카르마는 이전에 심은 원인의 결과로, 그 역동적인 에너지와 작용 패턴을 보려면 나무가 아닌 숲을 보는 좀 더 파노라마적인 시각이 필요하다. 그리고 긍정적인 원인 혹은 에너지의 흔적을 만들고 부정적인 것은 피하는 것이 더 빛나는 미래를 위한 길이다.

우리 반려동물을 위해서도 마찬가지다. 붓다는 자신의 가르침을 단어 몇 개로 요약해달라는 요청을 받았다. 그의 대답은 "선(善)을 행하고 마음을 고요히 하라."였다. 당장은 선한 일을 아무것도 하지 못한다고 해도 스스로 부정적인 것들을 피하고 반려동물이 부정적인 생각과 행동을 하지 않도록 도와주는 것만으로도 매우 유용한 시작이 될 것이다. 사냥 본능이 발동한 고양이에게 방울을 달아주는 것이든, 개를 공격적이게 만드는 요소들을 멀리 치워주는 것이든, 이런 일을 할 때마다 우리의 알아차림 능력이 더 좋아질 테고 그만큼 반려동물도 미래에 더 긍정적인 경험을 할 것이다.

반려동물로 하여금 선한 일을 하게 만들기는 쉽지 않다. 하지만 반려동물의 마음속에 강력하고 긍정적인 이미지, 말, 행동의 흔적을 각인시키는 일은 얼마든지 할 수 있다. 우리가 보여주는 모습, 말, 행동이 그들의 의식에 미치는 영향을 결코 과소평가해서는 안 된다. 오직 미래에만 멋지게 드러날 그 영향 말이다.

인도의 대승 바수반두(세친)가 좋은 예이다. 바수반두는 매일 지붕 위에 올라가 아비달마구사론을 암송했다. 매일 그의 암송을 듣던 비둘기가 있었다. 덕분에 아비달마구사론이 마음속에 강하게 각인된 비둘기는 다음 생에 인간으로 태어났다. 비둘기가 어떻게 되었는지 궁금했던 바수반두는 초능력을 써서 비둘기가 이웃 마을의 어느 집 아기로 태어났음을 보았다. 바수반두는 그 집을 찾아가보았다. 몇 년 후 아이는 바수반두 밑에서 스님이 되었고 바수반두는 로덴(Lobpön Loden)이라는 법명을 내려주었다. 로덴은 아비달마구사론에 통달하게 되었고(스승인 바수반두보다 텍스트 해석에 뛰어났다는 말도 있다) 네 권의 주석서를 저술했다. 공교롭게도 내가 존경하는 라마, 게셰 아차리야 툽텐 로덴도 그 옛날 로덴과 같은 이름을 쓴다.

반려동물은 우연히 우리 인생에 들어온 것이 아니다

누가 어쩌다 반려동물과 살게 되었냐고 물으면 당신은 지역 유기동물 센터에 간 이야기나 원래 반려인이 이사를 가서 입양하게 되었다거나 나무 둥지에서 떨어져 죽을 것 같은 걸 구해서 기르게 되었다는 등의 이야기를 할 것이다. 다시 말해 지극히 평범하지만 당신에게만은 특별한 대답을 할 것이다.

당신이 갔던 유기 동물 센터에 다른 사람들도 많이 갔을 것이다. 그리고 그들은 지금 당신이 흠뻑 빠져 있는 고양이에게는 관심도 주지 않고 지나쳤을 것이다. 혹은 지금 당신이 기르고 있는 개를 입양하지는 않고 단지 임시 보모 역할만 하고 싶었을 것이다. 그리고 시끄럽게 울어대는 아기 새가 하필이면 왜 당신이 그 나무 밑을 지나갈 때 떨어졌겠는가?

앞에서 말했듯이 불교에 따르면 일상에서 우리가 경험하는 것들은 모두 인과론, 즉 카르마에 의한 것이다. 이 말은 어쩌다 그냥 하는 경험은 없다는 것이다. 그리고 우리 반려동물이 어쩌다 우리와 함께 이렇게 살아가게 된 것이 아니라는 말이다. 이 지구만 해도 셀 수 없이 많은 존재들이 살아가는데 그중에 왜 하필이면 이 존재들과 내 집에서 같이 살게 되었을까? 이것은 절대 우연이 아니다. 그들과 우리 사이가 강력하게 연결되어 있기 때문이다.

청정함과 인식의 형태 없는 연속체, 즉 우리 마음은 색색의 구슬이 끝없이 이어지는 목걸이처럼 수많은 경험으로 꿰어진다. 어떤 경험은 긍정적이고 또 어떤 경험은 그렇지 못하다. 모두 우리가 갖고 있는 카르마 때문이다.

한 생을 살 때마다 우리는 많은 존재와 만난다. 부모, 형제를 비롯해 다른 많은 사람과 가까워진다. 그리고 경쟁이나 갈등 관계에 있는 사람도 만난다. 현재 우리 발 아래 혹은 어깨 위에 앉아 있는 존재들과의 관계가 지난 생에서는 전혀 달랐을 수도 있다. 어쩌면 이 생의 다른 시간에서 이미 달랐을 수도 있다. 하지만 매우 강력한 원인이 함께한 어떤 조건이 우리를 이런 방식으로 다시 만나게 했다.

불교에서는 부모 특히 어머니와의 관계가 중요하다고 말한다. 우리를 열 달이나 품고 출산의 고통을 참아내고 여리고 다치기 쉬운 우리를 돌봐준 사람이 어머니이기 때문이다. 불우한 어린 시절이 야기한 문제를 겪고 있는 사람도 많지만 일반적으로는 어머니에 대한 깊은 감사의 마음을 갖는 게 좋다고 한다.

불교는 그런 의미에서 의식 있는 모든 존재들을 전생에 내 어머니였다고 생각하기를 독려한다. 가르랑대고, 여기저기 날아다니고, 으르렁대고, 뛰어다니는 존재들이 단지 '의식만 가진' 존재가 아니라 어쩌면 '내' 전생의 어머니로 우리가 이 생에서 보답해야 하는 존재인지도 모른다.

참으로 정신이 번쩍 들게 하는 생각이 아닐 수 없다. 불교를 잘 모르는 사람에게는 더욱 그렇다. 반려동물을 열등하고 도덕성이 없고 최악의 경우 버릴 수도 있는 놀이 친구쯤으로 생각하는 사람들에게는 더더욱 생각지도 못한 관점일 테다. 반려동물을 어머니로 보면 그때부터 관계의 전체 기반이 재구성되고 존경과 감사와 사랑의 감정이 커진다.

지금 같이 살고 있는 반려동물은 이전에 우리에게 중요한 존재였을 것이다. 그리고 이제 우리는 그들에게서 받았던 보살핌을 되갚고 그들로 하여금 가능한 최고의 미래를 준비하게 해줄 기회를 얻은 것이다. 그러는 동안 우리 자신의 행복한 미래를 위한 가능한 최고의 씨앗도 심게 될 것이다. 주면 줄수록 더 많이 받는 법이다.

죽어가는 반려동물에게 무엇을 해주어야 할까

우리는 죽음을 두려워하고 금기시하는 사회에 살고 있다. 하지만 이 중요한 문제를 피하기만 하는 것은 좋지 않다. 붓다는 '자신'의 죽음에 집중하는 것이 가장 위대한 명상이라고 했다. 앞에서 말했듯이 이 생이 짧다는 걸 진심으로 깨달을 때 무엇이 가치 있고 중요한지에 대한 생각이 완전히 달라진다.

죽음을 숙고할 때 순간의 삶에 집중하고 감사할 줄 알게 된다. 하지만 죽음을 숙고하는 이유가 꼭 그것만은 아니다. 죽을 때 어떤 일이 일어나고 죽음 뒤 다시 태어나기 전까지의 바르도(bardo: 과도기 존재) 상태에서 어떤 일이 일어나는지 숙지하고 있어야 진짜 그 일이 일어날 때 그 과정을 더 잘 관장할 수 있고 직접 자신의 운명을 결정하고 책임질 수 있다.

그리고 죽어가는 다른 존재들을 더 잘 도울 수 있다. 반려동물을 사랑하는 사람에게는 그들이 죽어갈 때가 가장 힘든 시기이다. 곧 다가올 죽음과 뒤이은 슬픔의 예감도 감당하기 어려운데 거기에 세상 가장 심한 무력감이 더해진다. 의사로부터 최후의 통첩을 받으면 사랑하는 반려동물을 위해 더 이상 해줄 수 있는 일이 아무것도 없는 것 같다.

그런데 사실 할 일이 많다. 반려동물이 이 생에서 다음 생으로 옮겨가는 그 중요한 전환의 시기를 겪는 동안 우리는 죽음과 함께 실제로 일어나는 일에 대한 불교가 말하는 개념들로 중무장한 다음 그 개념들을 무기 삼아 우리 자신의 황폐한 감정 속에 빠지기보다 우리 친구들을 어떻게 하면 최선을 다해 도울 수 있을까에 집중할 수 있다.

무력하게 있을 틈이 없다. 우리 동물 친구들과 공유하고 있는 강력하고 단단한 카르마적 연결을 이용해 그들의 여정에 큰 도움을 줄 수 있다. 말할 수 없이 슬프겠지만 마음을 강하게 먹고 그들에게 좋을 일, 따라서 우리에게도 좋을 일을 해줘야 한다.

내 웹사이트에서 사람들이 가장 많이 읽는 글이 반려동물이 죽어갈 때 어떻게 해야 하는지에 대한 글들이다. 그래서 이 책에서도 나는 이 주제를 다루는 데 한 장(9장)을 통째로 할애했다. 언젠가는 우리 모두 겪어야 할 일이기 때문이기도 하다. 절대 바라는 일이 될 수는 없지만 죽음은 자연스럽고 불가피한 일이다. 그리고 우리 반려동물들이 평화롭고 긍정적인 죽음을 맞이하고 나아가 그 후에도 최고의 미래를 맞이할 수 있도록 우리가 적극적으로 도울 수 있다. 주장하건대 그들이 살아 있을 때보다, 이 중요한 시기, 죽음이 다가오는 시기에 우리가 그들에게 해줄 수 있는 일이 더 많다. 이 시기를 반려동물과 함께할 수 있다는 것은 더할 수 없이 소중하고 대단한 특권이며, 자비와 지혜를 발휘할 두 번 없을 기회이다.

반려동물과 함께 선한 마음 기르기

보리심(bodhichitta)은 모든 살아 있는 존재를 깨달음으로 인도하기 위해 깨닫겠다는 마음이다. 보리심은 의식을 가진 모든 존재들이 느끼는 괴로움에 대한 자비심과 그 영구적인 해결책을 찾고자 하는 바람에 기반한 것으로 세상에서 가장 이타적인 동기라고 할 만하다. 간단히 말해 이보다 더 위대하고 이보다 더 포괄적인 의도는 익히 없었다.

카르마의 힘 혹은 무게를 결정짓는 데 '의도'는 매우 중요한 역할을 한다. 예를 들어 어쩌다 다른 사람의 발을 밟은 것과 고의로 아프게 하려고 밟는 것 사이의 카르마적 결과는 어마어마하게 다르다. 육체적 행동과 돌아오는 반응이 똑같다고 해도 그렇다. 보리심이 인간이 낼 수 있는 의도 중 으뜸이기 때문에 티베트 불교는 보리심에 의한 마음, 말, 행동이 많을수록 우리 세상이 더 밝고 긍정적으로 바뀔 것이라고 말한다. 세상이 조금씩 더 깨닫게 되는 것이다.

티베트 불교는 모든 행동을 보리심으로 하도록 노력해 마침내 진심에서 우러나오는 보리심이 일상적으로 나올 수 있게 되기를 의도한다. 처음에는 힘들지만 우리 심리가 늘 그렇듯 언젠가는 생각하고 노력한 대로 되기 마련이다.

반려동물은 우리에게 보리심을 갖고 행동할 기회를 끊임없이 제공한다. 그런 의미에서 우리가 그들의 자기계발에 공헌하는 것보다 그들이 우리의 자기계발에 공헌하는 정도가 더 크다고 할 수 있다. 반려동물과 함께 보리심을 키우는 방법 중에 하나가 먹이를 주고 안아주고 산책을 시켜줄 때마다 '이 사랑과 친절과 자비의 행위로 불성을 성취하고 모든 살아 있는 존재를 깨달음으로 이끌리라.'라고 되뇌이는 것이다.

이 밖에도 깨달음의 마음인 보리심을 계발하는 많은 수행법이 이 책에 등장한다. 보리심을 샨티데바는 다음과 같이 아름답게 묘사했다.

모든 존재를 이롭게 하리라는 의도는
귀한 보석 같은 마음이다.
존재들 스스로 그런 의도를 내지 못할 때는 더 그렇다.
그런 마음이 일어남은 전에 없는 기적이다.

어떻게 하면 우리 동물 친구들도 이 덕목을 익힐 수 있을까? 우리 스스로 삶에 모범을 보이는 것, 깨달음이라는 목적을 확언해주는 것, 깨달음의 이미지를 그들 마음에 새겨주는 것이 도움이 된다. 그리고 우리의 의도를 알아채는 동물들의 능력이 일반적으로 우리가 생각하는 것보다 훨씬 더 섬세함을 알고, 마음속으로 최대한 보리심의 의도를 내는 것이 좋다.

배울 수 없는 행위는 없다. 선한 행동과 말, 마음을 내보이는 일은 누구나 할 수 있다. 우리 반려동물을 대신해 그렇게 할 때 그들이 우리 내면의 여정에 동참할 것이고, 우리도 반려동물의 여정에 동참할 것이다. 우리 동물 친구들을 위해 깨달음의 마음을 계발할 때 우리는 선한 소용돌이를 만들어갈 것이고, 그 소용돌이의 끝에 이르면 이 생의 우리와 우리 반려동물뿐만 아니라 모든 의식 있는 존재들에게 더할 수 없이 유익할 것이다. 수천 년 전 태곳적부터 함께했고 나아가 경계 없는 축복이 가득한 비범한 미래도 함께할 바로 그 존재들 말이다.

4장.
반려동물과 지금 이 순간에 살기

휴대전화에 빠져있던 한 십 대 소녀는 보더콜리 종 노견이 멈춰서 무언가 냄새를 맡으려고 할 때마다 리드 줄을 사정없이 당겨 버렸다. 모르긴 몰라도 그 개는 소녀가 휴대전화 화면으로 보는 것보다 훨씬 더 흥미진진한 것을 발견했을 텐데 말이다. 가끔 나는 우리 사회가 동물들과 함께 살아가는 법을 완전히 잊어버린 게 아닐까 하는 생각이 든다. 동물도 의식적 존재라는 사실, 우리와 마찬가지로 행복, 흥분, 신기한 것을 원한다는 사실, 우리와 달리 움직임의 자유를 얼마나 제한받고 있는지도 다 잊어버린 게 아닐까?

15년 전부터 나는 집에서 일하는 행운을 누리고 있다. 내 책상은 앞 정원을 내다볼 수 있게 길 쪽으로 놓여 있다. 이 길은 낮에는 근처 사무실 직원들로, 밤에는 이웃 사람들로 꽤 붐비는 편이다. 늘 반복되는 일상의 익숙한 소음들을 들으며 키보드를 치는데 최근 들어 나를 슬프게 하는 일이 있다. 이른 아침 혹은 늦은 오후에는 이웃들이 개들을 데리고 나타나곤 한다. 그런데 요즘의 이웃들은 고개를 들고 풍경을 보며 개들과 함께 걷는 것이 아니라 구부정하게 고개를 숙이고 휴대전화를 들여다보느라 정신이 없어 보인다. 리드 줄을 잡고는 있지만 개는 그저 장식품이 된 것 같다.

개와 산책하는 듯 보이지만 그것은 진정한 산책이 아니다. 개는 더 이상 그들의 관심 대상이 아니며 심지어 짜증스러워할 때도 있다. 휴대전화에 빠져 있던 한 십 대 소녀는 보더콜리 종 노견이 멈춰서 무언가 냄새를 맡으려고 할 때마다 리드 줄을 사정없이 당겨버렸다. 모르긴 몰라도 소녀가 휴대전화 화면으로 보는 것보다 훨씬 더 흥미진진한 것을 발견했을 텐데 말이다.

가끔 나는 우리 사회가 동물들과 함께 살아가는 법을 완전히 잊어버린 게 아닐까 하는 생각이 든다. 동물도 의식적 존재라는 사실, 우리와 마찬가지로 행복, 흥분, 신기한 것을 원한다는 사실, 우리와 달리 움직임의 자유를 얼마나 제한받고 있는지도 다 잊어버린 게 아닐까? 개의 입장에서는 산책이 집 안에서 벗어나 더 넓은 세상과 만나는 유일한 시간인데 말이다.

그 십 대 소녀는 아주 어릴 때부터 보더콜리와 함께 산책을 나왔다. 반려견들을 공원에 데리고 나가는 일이 소녀가 책임지고 하는 집안일 중에 하나였던 셈이다. 우리 부부는 소녀의 가족과 현관문 앞에서 잠시 서서 서로 안부를 묻는 정도의 친분을 갖고 있다. 그들은 보더콜리 두 마리를 기르고 있었는데 몇 년 전 한 마리가 저세상으로 떠났다. 지난 달 소녀가 한동안 안 보이는 것 같더니 우연히 만난 아버지가 알려주길 나머지 한 마리도 얼마 전에 죽었다고 했다.

그 말을 듣고 집으로 돌아오는 길에 마음이 안 좋았다. 지구에서의 마지막 날들을 즐겁게 산책하며 보낼 수도 있었을 텐데 그러지 못했을 그 개를 생각하니 마음이 아팠다. 녀석은 산책하며 틈틈이 멈추고 냄새 맡고 자신의 영역을 표시할 수 없었다. 땅 냄새를 만끽하거나 튼튼한 네 다리로 서서 석양을 음미할 수도 없었다.

소녀를 위해서도 마음이 참 안 좋았다. 그 순간이 얼마나 특별한 순간인지 소녀는 이해하지 못했다. 그 마지막 산책의 시간들은 다시 없을 소중한 최후의 순간이자 은총의 시간이 될 수도 있었는데 소녀에게는 매일 해야 하는 집안일로만 보였던 것이다.

소녀는 나중에라도 보더콜리와 함께 한 마지막 몇 달의 산책을 되돌아볼 수 있을까?

동물은 스스로 고요해질 줄 안다

알아차림은 영적 삶의 기초이다. 너무 단정적으로 들릴 수도 있겠지만 알아차리지 못하면 우리는 일상에서조차 현실을 주체적으로 경험할 수 없다. 좀 더 심오하게 말하자면 우리 마음의 진정한 본성을 알고 내면의 변화를 꾀하고자 할 때도 알아차림은 꼭 필요하다.

그렇다면 알아차림이란 무엇인가? 판단하지 않고 이 순간에 의도적으로 집중하는 것이 아마도 가장 폭넓게 말해지는 알아차림의 정의일 것이다. 이 정의는 세 가지 점을 말하고 있다. 현재 순간에 집중하는 문제라면, 우리는 대부분 주어진 순간에 벌어지고 있는 일을 어느 정도는 알아차리고 있다고 말할 것이다. 심지어 보더 콜리를 데리고 산책하던 소녀도 그 정도는 알아차렸을 것이다.

하지만 많은 시간 우리는 우리가 보고 듣고 냄새 맡고 맛보고 만지는 것들에 온전히 집중하지는 않는다. 신경 과학자들이 말하는 '직접 모드'에 있지는 않다는 말이다. 그보다는 '서사 모드'에 있다. 다시 말해 끝없는 이야기의 흐름, 머릿속 수다, 왔다가 가고 말 뒤죽박죽 독백 모드에 있다. 이 서사 모드는 과거에 있었던 일 혹은 과거에 일어나지 말았어야 할 일을 볼 것이다. 그리고 미래에 일어났으면 혹은 일어나지 말았으면 하고 바라는 것을 볼 것이다. 아니면 실패한 일이나 누군가가 얼마나 멋진지에 대한 분석에 사로잡혀 있을 수도 있다. 하버드 대학 심리학과의 조사에 따르면 우리는 깨어 있

는 시간의 47퍼센트를 서사 모드에서 보내고 있다고 한다.[1]

알아차림 정의의 '의도적으로' 부분은 우리가 알아차림을 마음먹고 계발할 필요가 있음을 말해준다. 우리는 커피를 즐기거나 달빛을 보고 감탄하거나 사랑하는 사람을 안는 순간 알아차릴 수 있다. 하지만 곧 서사 상태로 상당히 빨리 빠져들어가 버린다.

'판단하지 않음'은 현재 순간에 집중할 때 매우 중요한 요소이다. 판단 행위는 쉽게 경험의 성격에 영향을 주고 그럼 우리는 그 순간 곧바로 또 서사 모드로 돌아가기 때문이다. 판단하는 순간 '이 커피는 너무 뜨거워, 지난주에 본 보름달이 더 예뻤네, 베로니카는 향수를 너무 많이 뿌려……'와 같은 생각이 일어난다.

동물이 인간보다 태생적으로 알아차림 능력이 더 좋은지는 확실히 알 수 없지만 확실히 그래 보이기는 한다. 동물이 소통에 사용하는 언어는 인간의 언어보다 덜 복잡해서 동물은 비언어적인 신호와 본래의 직관적인 인식에 아주 많이 의존하는데 이 모든 것이 지금 이 순간에 상당히 집중해야 얻을 수 있는 것들이다. 동물이 인간보다 알아차림 능력이 실제로 더 좋다면 아주 중요한 몇 가지 점에서 동물이 인간보다 더 좋은 위치에 있는 것만은 확실하다.

제일 먼저 행복할 수 있는 능력이 좋을 것이다. 앞에서 언급한 하버드 대학 연구에 따르면 지금 이 순간 일어나는 일에 대한 집중 능력이 실제로 무슨 일을 하느냐보다 행복에 대한 더 정확한 지표라고 한다. 집중하지 못하는 마음은 불행하다. 산만한 정신은 불행의 결과가 아니라 원인이다.

베란다에 앉아 세상을 바라볼 때 우리 고양이들은 산만할까? 오후 늦게 팔다리를 쭉 펴고 거실 카펫에 엎드려 있는 우리 개들이 저녁 먹기 전까지의 긴 시간을 어떻게 하면 지루해하지 않고 보낼 수 있을까 궁리하며 초조해할까? 확실히 그래 보이지는 않는다.

맞다. 우리 인간도 우리만의 생각을 드러내지는 않는다(이것도 나쁘진 않다. 안 그러면 친구가 남아나질 않을 테니!). 하지만 아주 조용한 곳에서 편안하고 좋은 의자에 앉아 아무것도 하지 말고 가만히 있어 보라. 그럼 곧 우리 마음이 얼마나 산만한지 알게 될 것이다. 그리고 몇 분도 안 되어 프랑스 철학자 블레즈 파스칼의 말이 진리임을 깨닫게 될 것이다. 파스칼은 '인간의 모든 불행은 혼자 방 안에서 조용히 앉아 있을 수 없다는 데서 시작한다.'라고 했다.

언어와 지성, 생각을 넘어서 보라

앞에서 살펴보았던, 동물이 직관적인 방식으로 잘 소통함을 보여주는 여러 증거들은 동물이 인간보다 알아차림 능력이 일반적으로 더 좋다는 생각에 힘을 실어준다. 그리고 동시에 의식적 존재로서의 동물이 훌륭한 영적 발전 가능성을 갖고 있음을 지적하는데 이것은 그 의미가 매우 크다.

서양에서는 전통적으로 언어와 지성이 함께 발달한다고 보았다. 복잡한 언어 구사 능력으로 수준 높은 개념들을 다루고, 터득하고, 창의력을 발휘하는 것이 지적인 기량을 보여주는 전형적인 방식이었다. 불교도 이 관점에 동의하지만 이것을 최고로 간주하지는 않는다. 왜냐하면 지성, 개념, 그리고 이것들을 받쳐주는 언어는 그 한계가 분명하기 때문이다.

예를 들어 초콜릿을 무척 사랑하는 당신에게, 초콜릿을 연구해서 모든 것을 알고는 있지만 한 번도 먹어본 적은 없는 사람이 초콜릿의 맛에 대해 이러쿵저러쿵 말한다면 그 말이 과연 흥미로울까? 아마도 그렇지 않을 것이다. 아무리 많이 연구했다고 해도 직접적이고 일차적인 경험이 없는데 평생 동안 초콜릿을 먹어온 당신에게 과연 무슨 말을 해줄 수 있겠는가? 기껏해야 책 읽어주는 효과밖에 없을 것이다.

바로 그렇게 우리도 의식과 궁극적 실체의 본성에 대한 두꺼운 책들을 수십 권 읽어 사조들 간의 미묘한 차이를 숙지할 수도 있다. 하지만 아무리 그래도 우리 의식의 직접적인 경험과 비교하면 그건 아무것도 아니다.

알아차릴 때 우리는 보고 듣고 냄새 맡고 맛보고 만지는 감각들에 집중할 것이다. 그리고 거기에 덧붙여 우리가 집중해야 할 한 가지가 더 있는데 바로 마음이다. 일상적으로 하는 일 대신에 우리 마음을 관찰하는 법, 즉 마음속에서 일어나는 생각들을 살피는 법을 배우면 큰 정신적 변형이 가능해진다. 끝없이 이어지는 서사적 수다를 지우고 생각과 생각 사이 간격, 그 성질을 관찰하게 될 때만

이 의식 그 자체의 본성을 경험할 수 있기 때문이다.

불교도는 의식의 가장 미세한 상태를 경험하기 위해 집중력을 연마한다. 그리고 마음이 백지가 아니라 찬란하고 끝없는 대양 같은 것이며 그것으로부터 모든 경험이 일어남을 발견한다. 마음 역시 어떤 느낌을 갖고 있는데 그 느낌은 평화와 비슷하고, 수련을 계속할 경우 이 느낌이 깊어져 심오한 축복의 경험으로 이어진다.

10세기의 명망 높은 명상가 틸로파는 개념화할 수 없는, 이러한 명상의 성질을 강조하며 다음과 같은 게송을 남겼다.

텅 빈 하늘을 골똘히 응시하라, 더 이상 보이지 않는다.
마찬가지로 마음이 마음속을 응시할 때
두서없고 추상적인 생각의 사슬이 끊어지고
수승한 깨달음이 생긴다.
마음의 원래 성질은 공간 같은 것
태양 아래 모든 것에 스며들고 모든 것을 품는다.
마음을 비우고 고요와 편안함에 거하라.
마음을 조용히 한 채 소리가 메아리처럼 울리게 하라.
마음의 침묵을 유지하고 모든 세상의 끝을 보라.[2]

21세기를 사는 인간이 마음의 침묵을 유지하며 고요히 살기란 매우 어려워서 불가능해 보일 정도이다.

그런데 동물들에게는 그런 일이 자연스러운 것 같다. 우리 집에도 고령의 고양이 자매가 사는데 지금 이 순간에도 어룽거리는 햇살을 받으며 가을 아침을 응시하고 있다. 이 둘은 눈앞에 펼쳐지는 모든 일에 날카로운 흥미를 보이며 늘 현재를 살아간다. 그러다 특별한 일이 없으면 마음을 비우고 편안함에 만족해버린다.

동물들은 우리보다 생각을 덜 해서 정신적 동요도 덜하지 않을까? 이들은 마음이 고요해서 자신의 의식만이 아니라 우리의 의식에도 더 긴밀하게 연결되어 있지 않을까? 마음속 수다가 우리보다 훨씬 덜하다는 사실은 이들의 영적 능력이 부족함을 보여주기는커녕 오히려 그 반대이다.

의식이 고요해지면 기본적으로 텔레파시, 투시, 자연현상 예언 같은 우리 의식의 미세한 현상들을 경험할 가능성이 더 커진다. 그렇다면 가끔 동물들이 왜 우리 인간이 발휘하는 것 이상의 정신적 능력을 발휘하는지 그 이유가 설명된다. 예를 들어 동물들은 어떻게 반려인이 집에 오는 시간을 알까? 인간 친구들이 다른 방에서 하고 있는 생각을 어떻게 알까? 이런 동물들의 애정을 듬뿍 받고 있는 우리는 정말 운이 좋다. 반려동물들은 우리 인간이 바로 코앞에서 자신을 응시하고 있는 자기들을 이렇게나 충격적으로 알아차리지 못하는 모습에 아연실색하고 있을지도 모르겠다. 물질적으로 눈부신 발전을 거듭하는, 그렇게나 똑똑하다는 인간이 말이다.

반려동물을 키우기 위한 최적의 환경

반려동물의 마음이 일반적으로 우리보다 고요하고 침착하며 이들이 감각으로 경험하는 세상이 우리의 그것과 상당히 다르다면 어떻게 해야 이들을 영적으로 더 잘 보살필 수 있을까?

먼저 최적의 환경을 만들어주는 것이 가장 중요하다.

세상에는 다양한 반려동물이 있고 그 모든 종류에 적합한 한 가지 해결책은 없다. 예를 들어 앵무새의 경우는 대부분 지루함을 없애줄, 상대적으로 꽤 큰 자극을 필요로 하는 반면 고양이의 경우 혼자만의 느긋한 시간을 몇 시간씩 보내곤 한다. 사회적 동물인 개들은 다른 개나 인간 친구와 함께 있기를 좋아한다. 그리고 물론 모든 앵무새, 고양이, 개가 똑같은 것은 아니다. 어쨌든 반려동물이 아무리 사람같이 느껴진다고 해도 그들의 세상은 분명 다름을 언제나 염두에 둘 필요가 있다. 일반적으로 우리와 비교해 동물들은 대체로 고요하고 평화로운 환경을 더 좋아한다.

수의사들에 따르면 반려동물들은 시끄러운 파티, 폭풍, 폭죽, 알람 소리 같은 소음, 손님의 등장이나 새 가족의 합류(인간이든 동물이든) 같은 집안 내 변화에 큰 스트레스를 받는다고 한다. 스트레스가 심할 경우 보통 어딘가에 숨거나 떨거나 카펫 같은 곳에 실례를 하거나 식욕을 잃거나 공격적이 되곤 한다.

심한 소음, 자극, 폭력성을 동반하는 감정적 소동은 고요하고 민감한 반려동물의 마음에 일종의 타격으로 다가온다. 아침에 일어나자마자 TV를 켜서 폭풍같이 쏟아지는 뉴스 헤드라인과 시끄러운 광고, 요란한 홈쇼핑 선전 등을 들려주면 어떨까? 그리고 밤에도 계속 그렇게 시끄럽다면? 동물의 관점에서 보면 모르는 외국어를 최대 볼륨으로 틀어놓는 것과 비슷하다. 그런 상황이라면 당연히 구석으로 슬금슬금 피할 것이다.

크게 한판 음악을 듣고 싶다거나 가족, 친구들과 시끌벅적한 파티를 열 때에는 반려동물들에게 피난처를 마련해주는 게 좋다. 청력에 문제가 있어서 텔레비전이나 라디오 볼륨을 크게 해둬야 할 때는 어떻게 해야 하나? 공간이 충분한 집이라면 그다지 걱정할 필요가 없지만 작은 아파트나 겨울에 따뜻한 공간이 얼마 안 되는 경우라면 헤드폰을 쓰는 것도 한 방법일 것이다.

평화롭고 안정적이며 생산적인 환경은 반려동물과 우리의 정신적 건강에 가장 기본이 되는 것이다.

알아차림으로 반려동물의 마음으로 들어가기

반려동물이 행복하게 살아갈 수 있는 환경을 잘 조성했다면 이제 반려동물과 함께 알아차림 수행을 할 차례이다. 어떻게 해야 할까?

반려동물에게 주의를 집중하면 된다.

우리는 반려동물과 애정을 주고받기를 즐기고 이것이 반려동물을 기르는 이유이기도 하다. 하지만 거기서 나아가 알아차림 수행까지 함께 하려면 간단하지만 그 의미가 결코 작지 않은 한 가지 변화를 줄 필요가 있다.

당신은 반려동물과 서로를 배려하는 행복한 관계를 영유하고 있다고 믿고 있을지도 모른다. 하지만 바쁜 일상을 살다 보면 반려동물과의 교류도 일상이 되어 건성건성 일방적이 되기 쉽다. 앵무새가 날고 싶다고 하면 늘 그렇듯 새장 문을 열어주고 팔을 내주고 새장 꼭대기에 앉아 있으면 애정을 담아 목을 쓰다듬어줄 수는 있다.

아니면 퇴근하는 우리를 반갑게 맞는 반려견을 보고 그날 하루가 얼마나 힘들었는지 이야기하고 내일 아침까지 끝내야 하는 보고서가 있어서 저녁에도 집에서 일해야 한다며 '대화'를 할 수도 있다. 우리의 반려견이 그날 하루 어떻게 보냈는지? 현관 매트를 씹고 싶은 욕구를 어떻게 잘 참았는지 친절하게 물으며 개의 안부를 궁금해 하기는 하지만 사실은 아무 관심도 없고 그 대화에 아무런 의미도 부여하지 않는다. 우리 반려동물과 진정으로 함께하고 있지 않은 것이다. 반려동물을 계속되는 내면의 독백을 들어주는 대상 정도로만 이용하고 있는 것이다.

우리는 대부분 동물들과 얘기하기를 상당히 즐긴다. 하지만 그들의 말을 듣는 일은 잘하지 못한다. 그들을 위해 같이 있어주는 일도 잘하지 못한다. 우리의 끝없는 이야기를 멈추고 그들이 우리에게 하고 싶은 말에 가 닿는 일은 정말이지 잘하지 못한다.

누군가와 '나'의 느낌이나 인상, 혹은 중요한 생각 등을 나누고 싶은데 그 사람이 계속 자기 이야기만 한다면 어떨까? 그 결과는 오래 생각하지 않아도 쉽게 예상할 수 있을 것이다. 누구나 그런 경험이 있을 테니까 말이다. 특히 귀가 좋지 않은 고령의 친구나 친척을 둔 사람들은 더 잘 알 것이다. 무언가 말해보려 하지만 도저히 그 기회를 잡지 못하니 금방 포기하게 된다.

그 사람이 어느 날 문득 '내가 너무 내 얘기만 해서 미안하구나. 이제 너의 얘기를 들어줄게. 내 생각은 최대한 떨쳐버리고 마음을 열어볼게. 하고 싶은 말은 다 해보렴. 나는 지금 편안하게 들을 준비가 되어 있단다.'라고 한다면 얼마나 멋지겠는가?

우리가 만약 그렇게 한다면 어떨까? 그런 적이 한 번도 없다면 이 장 끝에 나오는 실험을 한번 해보기 바란다. 얼마 안 가 당신과 반려동물과의 관계에 그 어떤 전환이 일어남을 느낄 것이다. 반려동물을 위해 거기 있어줄 때 완전히 새로운 차원의 가능성이 생겨난다.

동물과의 소통에 기반이 되는 알아차림

'옛날 옛날에 동물들이 말을 하던 시절에……'로 시작되는 옛날이야기가 옛날에는 많았다. 이 말은 인간과 동물이 서로 소통, 존중,

인정하며 평등하게 살았던, 이상적이고 순수했던 세상을 떠올리게 한다.

관련해서 '녹색 언어'라는 신화적 개념도 생겨났다. 녹색 언어는 새들의 언어를 뜻하는데 새들은 하늘을 날아다니기 때문에 전통적으로 신의 신성한 메신저로 대우받았다.

비슷한 의미에서 도교에서는 다음과 같이 말하기도 한다.

> 심지어 지금도 동쪽의 흉노족이 사는 곳에는 가축들이 하는 말을 알아듣는 사람들이 많다. 무지한 우리가 생각해도 가능할 것 같은 일이다. 옛날 옛적의 성인들은 무수한 존재들의 습관들을 다 알았다⋯⋯. 성인들이⋯⋯ 팔방의 인간들을 소집하고 마지막으로 새와 짐승들과 곤충들을 모이게 한 것은 살아 있는 종들의 지성과 마음이 서로 크게 다르지 않음을 암시한다.●3

인간은 오랫동안 자연과 가까이 살면서 전통적으로 모든 면에서 동물들과 긴밀한 관계를 유지해왔다. 수세기 동안 개와 고양이와 친밀한 우정을 쌓아왔고 우리에게 영감을 주는 동물들에게는 경이감과 존경심을 품어왔으며 평생을 성실하게 인간을 위해 일하는 동물들을 가족처럼 대해왔다.

그런데 동물들이 말을 하던 시절이 정말 있었다면 어떨까? 아니 인간이 동물들의 말을 듣는 법을 알았다면 어떨까? 그렇다면 사라진 건 동물들의 말하는 능력이 아니라 우리의 듣기 능력이 아닐까?

많은 동물이 텔레파시를 기반으로 일상적으로 메시지를 주고받는 것으로 보인다. 그리고 텔레파시는 상대적으로 고요한 마음일 때 가능하다. 인간은 자연으로부터 소외되면서 마음의 고요를 많이 잃어버렸다. 그러므로 동물들이 하려는 말을 못 듣는 것이 사실 전혀 놀랍지 않다. 이제 동물들이 보내는 본능적 신호들은 헤비메탈 콘서트 장에서 옆 사람이 귀에 대고 속삭이는 소리 같아서 귀를 최대한 쫑긋 세워야 겨우 들린다.

다행히 그런 우리를 위해 불교는 마음을 고요히 하는 것이 가장 중요하고 가장 시급한 수행법이라고 하면서, 동요 상태의 정신을 가라앉히는 데 좋은 수행 도구들을 충분히 제공하고 있다. 이 책에서도 그 일부를 다음 장들에서 소개할 것이다. 그러므로 명상을 많이 한 스승들이 투시, 텔레파시, 미래를 보는 능력 같은 미세한 현상들을 고요한 마음의 부산물로 받아들이는 것도 당연하다. 불교도인 우리는 초능력을 위해 수행하지 않는다. 다만 의식의 미세한 경험을 추구할 때 초능력이 따라오는 것은 매우 자연스러운 현상이다.

조야한 초능력(siddhis)을 드러내는 일에 불교는 눈살을 찌푸리기 때문에 그런 특별한 능력을 가진 수행자들이라고 해도 그 사실을 공공연히 말하지는 않는다. 그렇게 말하는 사람이 있다면 그 의중을 신중히 살펴야 할 것이다. 그런데 불교 공동체에 기거하다 보면 어느 정도 깨달은 스승들의 눈에 우리의 행동거지가 마치 비디오카메라처럼 그대로 드러나는 경험을 하곤 한다. 어떤 스승들은 우리가 지구 반대편에 있어도 마치 TV를 보듯 우리를 볼 것이다.

최근 몇 년 동안 동물과의 의사소통을 다루는 분야가 크게 발전했다. 관련 책들이 많이 나왔고 이 분야에 관심을 갖게 된 다양한 배경의 사람들이 훈련 프로그램들을 많이 내놓았다. 한때는 (교황 그레고리우스 9세 시대라면 화형에 처해졌을 사람들인) 심령술사나 예언가의 전유물이었던 동물과의 교감이 각광받는 분야가 되었고 점점 더 많은 사람이 관련 교육을 받고 있다. 이들 중에는 수의사나 환경보호 활동가 같은 전통적으로 왼쪽 뇌가 발달한 사람도 많다. 그리고 잃어버린 애완동물을 찾거나, 우울증을 앓거나 공격적인 동물을 치료하거나, 문제적 행동 혹은 질병의 원인을 찾는 일에 진정 놀라운 재능을 보이는 사람도 많다.

이들을 동물 교감사(animal communicator)라고 하는데 이들은 생각을 비우고 마음을 가라앉히는 것을 통해 다른 존재들이 말하려는 메시지에 집중하는 능력이 좋다. 이 분야의 지도자들은, 저마다 강조점이 조금씩 다르긴 하지만, 다음 몇 가지 점이 동물과의 소통에 중요하다고 보고 있다.

평화로운 환경이 중요하다. 시끄럽고 산만한 곳보다 전자기기의 방해가 없는 조용한 곳이 섬세한 소통에 좋다.

타이밍의 중요하다. 먹이를 먹거나 산책 같은 규칙적인 활동이 일어나는 시간은 피하는 것이 좋다.

동물로부터 무언가를 전달받기 위해서는 **마음을 편안하고 열**

린 상태로 유지해야 한다.

동물도 우리도 편안하게 집중하는 상태가 되면 **동물에게 우리와 소통하고 싶은지 공식적으로 물어봐야 한다.** 그렇다고 말하고 있다는 확신이 들 때만 간단한 질문부터 시작한다.

반응은 긍정적이고 부정적인 다양한 형태로 나타난다. 동물들이 앉아 있던 자리에서 일어나거나 당신에게 머리를 부드럽게 문지를 수도 있고 그 어떤 생각, 인상, 느낌이 나타날 수도 있고 무언가를 상징하는 이미지가 떠오를 수도 있다.

반응이 늦어질 수도 있다. 우리는 지금 휴대전화 문자를 서로 주고받는 것이 아니기 때문에 반응이 도착하는 데 시간이 걸릴 수 있다. 마음을 고요히 하고 집중한 상태로 인내심을 가져야 한다. 때로는 상당히 뜻밖의 반응이 나올 수도 있으니 열린 마음을 유지하는 것도 중요하다.

이미지 실험을 적극적으로 한다. 당신 심장에서부터 황금빛이 흘러나와 반려동물에게로 흘러들어가는 것 같은, 당신과 반려동물 모두에게 의미 있는 시각화 작업을 하는 것도 좋다.

당신만의 직감을 신뢰하려고 노력한다.

연습한다!

동물 교감사들에 따르면 교감사로서 뛰어난 능력을 보이는 사람도 있지만 누구나 어느 정도의 교감 능력을 갖고 있다고 한다. 그리고 우리가 모르는 사이 이미 교감하고 있는 경우도 많다.

오랫동안 반려동물과 함께 살면서 나도 알게 된 사실이 있는데 동물들은 말로 하는 요구보다 이미지를 떠올릴 때 더 잘 반응한다는 것이다. 예를 들어 밤이 되어 고양이가 돌아왔으면 할 때 당신은 고양이의 이름을 부를 것이다. 고양이는 날씨에 따라 혹은 기분에 따라 대답할 수도 있고 하지 않을 수도 있다. 그런데 그렇게 부르는 대신, 당신이 고양이의 이름을 불렀더니 고양이가 돌아오는 모습을 한번 상상해보자. 고양이가 문이나 창문을 통해 집으로 들어오는 모습을 시각화하는 것이다. 그럼 몇 분도 안 되어 고양이가 나타날 테고 당신은 그 효과에 깜짝 놀라게 될 것이다. 물론 그렇지 않을 수도 있다!

관련해서 또 하나 흥미로운 점은 상상하는 것과 말하는 것이 같아야 한다는 것이다. 예를 들어 반려동물에게 소파로 올라오지 말라고 하면서 머릿속으로는 녀석이 소파로 올라오는 상상을 하면 동물은 뒤섞인 메시지를 받을 테고 말보다는 상상으로 보낸 메시지가 이길 수도 있다.

동물의 지각, 인식, 예지 능력, 행동, 인간과의 관계에 대한 연구가 전 세계에서 점점 더 많이 진행되고 있다. 동시에 동물 교감 분야에 대한 사람들의 흥미도 빠른 속도로 커지고 있다. 이 분야를 좀 더 깊이 연구하고 싶다면 안나 브레이텐바흐의 블로그 www.animalspirit.org를 방문해보기 바란다.

반려동물을 위한 알아차림 연습

반려동물이 활기차고 기민하게 움직이는 때를 실험 시간으로 잡자. 다만 식사나 산책이나 귀가 직전은 집중력이 분산되기 쉬우므로 좋지 않다.

실내외가 조용한 곳에 같이 앉는다.

몇 분 호흡에 집중하며 마음을 고요하게 한다.

숨을 내쉴 때마다 생각과 느낌들을 내보낸다.

어느 정도 마음이 가라앉았다 싶으면 반려동물에게 당신과 함께 몇 분 좋은 시간을 보내고 싶은지 묻는다. 동물들은 시각화 신호를 잘 받아들이므로 질문하는 모습과 반려동물과 함께하는 이미지를 마음속으로 상상하는 것이 제일 좋다. 이때 어떤 일이 있어도 이 시간 동안에는 반려동물에게 집중할 것임을 확인시켜준다. 그리고 반려동물이 무슨 말을 하든 혹은 무슨 일을 하든 마음을 열고 듣고 봐준다.

반려동물을 살피며 기다린다. 반응이 금방 올 거라고 기대하지는 마라. 대답은 당신에게 다가오는 것 같은 행동으로 나타날 수도 있고 상징이나 이미지로 나타날 수도 있다.

긍정적인 반응이 오면 당신과 할 수 있는 일 중에 무엇을 가장 좋아하는지 묻는다.

마음을 열고 반응을 받을 준비를 한다.

이 실험을 정기적으로 한다.

5장.
반려동물과 알아차림 수행을 할 때
좋은 점 다섯 가지

우리 고양이 맥스는 '내가 기분 좋을 때만 건드리세요.' 자세를 고수하는 아주 독립적인 고양이였어요. 그런데 어느 날부터 제 무릎에 앉더니 자꾸 제 배를 주무르는 거예요. 그리고 제가 어디를 가든 졸졸 따라다니며 계속 주시하더군요. 거의 한 달을 그랬어요. 그러다 건강 검진을 받았는데 직장암이라더군요. 의사보다, 그리고 저보다 먼저 안 거죠.

알아차림 수행은 거짓말처럼 단순하고 평화롭다. 물론 그렇다고 쉬운 것은 아니다. 알아차림은 잊고 동물 친구들과 한바탕 신나게 놀아주기만 해도 우리는 즐겁고 행복하다. 그래도 이 연습이 얼마나 중요하며 얼마나 강력한 효과를 발휘하는지는 절대 과소평가하지 말자. 그런 의미에서 이 장에서는 반려동물과 함께 알아차림 습관을 들이기 위해 노력할 때 어떤 일이 일어나는지 살펴보려 한다.

1 서로의 느낌과 바람을 정확하게 알게 된다

내 블로그를 통해 독자들에게 알아차림 연습 후 반려동물과의 관계가 어떻게 바뀌었는지 말해줄 것을 부탁했더니 후회 가득한 반성의 메시지들이 잔뜩 날아 들어왔다. 이들은 하나같이 자신들보다 반려동물이 자신들의 마음을 더 잘 알아차리고 있었다고 말했다. 바쁘고 정신없는 세상에서 살다 보니 반려동물과 함께하는 방법을 그동안 너무 몰랐던 것이다.

하지만 우리는 모두 변할 수 있다.

벵갈로르에 사는 테크니컬라이터 살린은 고양이를 무척 좋아해 여러 마리 기르고 있었다. 하지만 일이 바빠서 몇 주씩 집에 못 들어가기도 했다. 그러는 동안 그녀의 아버지가 고양이들을 돌보아주었는데 그래서인지 살린은 고양이들이 자신보다 아버지와 더 가까워진 것 같은 느낌이 들었다.

> 지난번 집에 갔을 때 작정하고 고양이들과 시간을 보내려고 했
> 죠. 녀석들하고 같이 있을 때는 다른 생각은 하지 않으려고 했
> 어요. 그런데 그 결과가 놀라웠죠. 고양이들이 다시 저와 교감
> 하는 것 같았어요. 그 전에는 아무리 불러도 저한테 와서 제 무
> 릎에 앉거나 하지는 않았거든요. 그런데 이번에는 달랐어요. 우
> 리 사이에 긍정적인 에너지가 흐르기 시작했죠. 집 밖에 나갈
> 때도 저를 따라 나왔고요. 저랑 놀고 싶어 하고 활발해지더군
> 요. 얼마나 사랑스러운지…… 녀석들을 보는 동안에는 모든 걱
> 정이 사라졌어요.
> 그런데 녀석들하고 같이 있을 때 뭔가 다른 생각을 하면 어디론
> 가 가버리더라고요. 그때 깨달았죠. 알아차림 기술이 나와 우리
> 고양이들에게 얼마나 위대한 선물인지를요.

알아차림 기술을 이용해 반려동물과 함께해줄 때 우리는 반려
동물의 느낌과 바람도 더 잘 알아채게 된다. 표면적이던 관계가 좀
더 직관적이고 진심 어린 관계로 깊어진다. 동물들이 말로 하지는
못하는 '그런 식으로 나를 들어 올리는 게 싫어요.', '불빛이 좀 덜 밝
았으면 좋겠어요.' 같은 표현을 알아차린다. 단순히 인상과 느낌을
받거나 그냥 알게 되는 것 같은 직접적인 소통이 전체적으로 더 좋
아진다.

앞 장에서 설명한 바 있지만 개념적 생각은 우리 의식의 한 부

분에 불과하고 불교적 관점에서 봤을 때 이 부분이 가장 중요한 부분은 아니다. 중요한 것은 초콜릿에 대한 이론이 아니라 초콜릿의 맛 같은 직접적인 경험이다. 차의 구동 방식에 대한 이론적인 지식이 아니라 실제로 차를 운전할 수 있는 것이 더 중요하다. 수백 개의 사랑 노래를 아는 것보다 사랑하고 있고 사랑받고 있음을 느끼는 것이 더 중요하다.

감정은 외면하고 직관은 신뢰하지 말 것을 교육받은 사람이라면 감정과 직관에 집중하는 일이 큰 도전처럼 여겨질 것이다. 하지만 감정과 직관은 항상 거기, 표면 바로 아래에 있다. 자신이 매우 이성적인 좌뇌 사용자라고 해도 언제나 동료 인간들이 보내는 비언어적인 신호를 보고 그것에 반응하고 있을 것이다. 예를 들어 우리는 어떤 상황에서 상대가 팔짱을 끼고 말하거나 눈을 피하고 있으면 누가 말해주지 않아도 그게 무슨 뜻인지 알아챈다. 무시하려 해도 여전히 비언어적 정보들을 받아들이고 있는 것이다.

반려동물과 함께하며 계속 알아차리다 보면 자연스럽게 직관 능력이 되살아날 것이다. 반려동물의 마음을 늘 알아채지는 못하겠지만 분명히 보이는 것들이 생겨날 것이다. 예를 들어 기꺼이 관심을 보내주려 할 때 동물들이 갑자기 우리와 놀고 싶어 하는 모습을 보일지도 모른다. 그리고 언어를 넘어 소통할 수 있을 때 생기는 깊은 친밀함을 느낄 것이다.

2 반려동물을 더 잘 도울 수 있다.

당신에게 영성이 어떤 의미인지 모르겠지만 반려동물과 우리가 계발할 수 있는 교류는 분명 영적인 차원에서 이뤄진다. 최소한 물질적이지만은 않다. 정신적 친밀감을 높일 수 있다면 그것만으로도 더할 수 없이 좋다. 불교에 따르면 정신적 친밀감을 높일 때 우리 반려동물을 도와줄 수 있는 능력이 비범할 정도로 강화되기 때문이다.

다른 존재에게 영향을 줄 수 있느냐 없느냐의 문제는 대체로 그 존재와 얼마나 친밀한 관계에 있느냐에 달려 있다. 반려동물과 우리의 마음이 서로 가깝게 연결되어 있고 만트라 암송 같은 특정 수행을 같이 할 수 있을 때 반려동물의 마음에 상상할 수도 없이 긍정적인 영향을 줄 수 있다. 알아차림 수행을 동물 친구들과 함께 하는 것이 그들 내면의 발전을 가장 긍정적인 방향으로 촉진시키는 기반이 되는 이유가 바로 여기에 있다. 그런 의미에서 앞으로 8장에서 동물들에게 좋은 카르마를 만들어주는 수행법들을 좀 더 구체적으로 알아 볼 것이다.

3 반려동물도 우리를 더 잘 도울 수 있다.

알아차림 수행으로 반려동물과 함께할 때 우리에게도 좋은 점들이 아주 많다. 마음의 절반은 휴대전화나 TV나 소셜미디어에 가 있다면, 반려동물이 우리에게 애타게 하려는 말을 잘 알아듣지 못할 것이다. 그때 우리 반려동물은 쇼핑몰에서 만난, 혼잣말을 끝낼 생각이 없는, 귀가 안 좋은 할아버지에게 바지 지퍼가 열려 있다고 말해주려고 할 때 우리가 느끼는 것과 같은 기분을 느낄 것이다. 그런 할아버지에게는 조금 더 극단적인 조치가 필요하다.

반려동물은 때로 말 그대로 생명이 위태로움을 말해주기도 한다. 미국 퍼시픽 노스웨스트에 사는 제인 존슨의 이야기가 그 한 예이다.

우리 고양이 맥스는 '내가 기분 좋을 때만 건드리세요.' 자세를 고수하는 아주 독립적인 고양이였어요. 그런데 어느 날부터 제 무릎에 앉더니 자꾸 제 배를 주무르는 거예요. 그리고 제가 어디를 가든 졸졸 따라다니며 계속 주시하더군요. 거의 한 달을 그랬어요.
그러다 건강 검진을 받았는데 직장암이라더군요. 의사보다, 그리고 저보다 먼저 안 거죠.
방사선 치료를 받을 때도 계속 이 방 저 방 따라다니며 계속 저

를 주시했어요. 화장실에서 나오지 않으면 문밖에서 야옹거렸
고요. 지금은 다시 독립적인 고양이가 되었고 더 이상 제 무릎
에 올라오지 않아요. 아니면 복용하는 약 때문인지도 모르겠네
요. 어쨌든 예전처럼 살갑게 굴진 않아요.

하지만 맥스는 제가 암에 걸렸다는 걸 저보다 먼저 알았어요.

반려동물이 반려인 혹은 다른 사람들이 병에 걸렸음을 경고하
려 했다는 이야기는 아주 많다. 특히 돌고래의 경우 같이 수영하는
사람이 어디 아픈 곳이 있으면 그곳에 집중하는 걸로 특히 잘 알려
져 있다. 대부분의 경우 정작 본인은 모르고 있다가 나중에 검진을
받아보고는 돌고래가 그 말을 해주려 했다는 것을 알게 된다.[1]

돌고래나 다른 고래과 동물들은 고도로 민감한 수중 음파 탐지
능력을 갖고 3차원으로 '관통해 본다.' 이를테면 의학 스캔 장치가
만들어내는 그림과 비슷한 홀로그래피 이미지를 보는 것이다. 그게
사실이라면 건강한 장기와 아픈 장기를 구분할 수 있다고 가정하는
것도 큰 무리는 아닐 듯하다. 아픈 장기를 볼 때 그 사실을 왜 굳이
알려주려고 하는지에 대해서는 아직 크게 연구되지 못했다. 하지만
처음 본 야생 돌고래와 수영한 사람에게도 그런 일이 일어나는 것
을 볼 때 그런 즉흥적인 행동이 감정이입과 호의의 결과라고 해석
하는 것이 가장 간단하고 타당한 설명이 아닐까 한다.

지금까지 인간의 병을 가장 많이 알아챈 동물은 단연 개다. 사
냥과 채집을 하던 옛날부터 우리는 인간보다 천 배나 민감한 개의

후각에 의지해왔음에도 최근에 들어서야 개들이 다양한 질병을 초기에 발견하는 능력이 있음을 인식하기 시작했다. 개들은 1조분의 일에 해당하는 냄새도 탐지할 수 있는데 이것은 올림픽 전용 수영장에 가득 채워진 물속에 한 숟가락만큼의 이물질이 들어간 것도 알아챘다는 뜻이다. 그러므로 개들은 호흡이나 몸의 냄새에 있어 약간의 변화에도 매우 민감하게 반응한다.

당뇨 환자 도우미 개들은 혈당 수치가 위험할 정도로 바뀔 때 그 냄새를 즉각적으로 알아채도록 훈련받는다. 혈당 수치가 정말 위험해지기 전에 적당한 조치를 취할 수 있도록(예를 들어 흡수가 빠른 당류를 섭취해 저혈당 쇼크를 피하는 것) 조짐이 보일 때 미리 특정 방식으로 적절한 신호를 보낸다고 한다.

뇌전증 발작을 미리 경고하는 '발작 경고 개'도 있다. 발작을 예견하는 능력의 정도가 개에 따라 달라서 훈련과 실험이 간단하지는 않지만 당뇨 환자 도우미 개들처럼 환자들에게 도움이 되고 있음은 분명한 사실이다.

영국에서 질병 탐지 연구를 위해 설립된 '의료 진단견 재단(Medical Detection Dogs)'에서 2002년부터 이루어진 클레어 게스트 박사 팀의 연구에 따르면 전립선 암 같은 특정 암들을 개들이 발견해 냈다고 한다. 조기에 그것도 현재 표준 검사기들보다 더 정확했다. 현재는 유방암, 폐암, 결장암을 비롯한 다른 암들과 파킨슨 병 초기 발견에 대한 연구도 진행되고 있다.

인간보다 훨씬 뛰어난 동물의 감각 능력을 어떻게 이용할 것인가에 대한 연구는 이제 겨우 시작 단계에 있다. 우리의 동물 친구들이 이 지구 환경의 변화에 아주 민감할 뿐만 아니라 우리의 육체적 건강에 대해서도 매우 유용한 피드백을 제공할 수 있다는, 사람들이 익히 말해왔던 증언들을 이제서야 과학이 조금씩 증명해나가고 있는 것이다.

그 외에도 동물들이 인간을 많이 돕고 있음이 점점 더 많이 알려지고 있는데 예를 들어 영국의 '좋은 일을 위한 자선견 재단(charity Dogs for Good)'은 장애인뿐만 아니라 자폐아동까지 돕는 개를 훈련시켜 제공한다. 자폐아동 도우미 개를 둔 가정은 이전에는 불가능했던, 함께 장보기 같은 간단한 활동을 할 수 있게 된다. 전문 훈련을 마친 도우미 개가 자폐아동이 흥분해 급작스런 행동을 하거나 같은 행동을 반복할 때 자연스럽게 저지하고 새로운 환경에도 적응할 수 있게 돕는다. 그리고 도우미 개와 일상의 규칙을 만들어가다 보면 자폐아동의 행동이 개선되는 효과도 얻을 수 있다. 무엇보다도 도우미 개가 자폐아동을 있는 그대로 순수하게 받아들이고 사랑하기 때문에 자폐아동이 정서적으로 훨씬 안정된 모습을 보인다고 한다. 다른 인간들에게서 느끼는 감정적 혼란을 느끼지 않아도 되기 때문이다.[2]

치유를 위한 개나 고양이는 고령자를 위한 시설에서도 점점 더 유용한 존재가 되고 있다. 어떤 면에서 우리의 반려동물들은 지난 수천 년 동안 해왔던 것처럼 지금도 여전히 인간을 돕고 있는 것 같다. 그 내용만 조금 바뀌었을 뿐이다.

호주 퍼스 외곽의 구릉지에서 '말과 함께하는 카운슬링과 테라피(EACT)'를 제공하는 심리학자 멜 킨은 이렇게 말한다. "인간 외의 감정을 가진 존재들과의 친밀한 관계를 되찾고 새로운 종류의 관계 기술을 실험하고자 하는 우리 고객들에게 말들의 경우 덜 위협적인 선택지가 될 수 있으며 감정적인 안정을 유도합니다. 고객들은 말들이 인간의 감정을 읽고 이해한다고 느끼고 그때 마음이 고요해지고 집중력이 좋아지고 안정된다고 말합니다."

멜은 말의 치유 능력은 오래전부터 익히 알려져왔다고 말한다. 일찍이 기원전 400년 고대 그리스에서는 육체적 정신적으로 상해를 입은 병사들을 치료하는 데 말 '치유' 기술을 썼다고 한다. 현재 EACT는 미국, 유럽, 호주에서 그 수요가 점점 더 늘고 있으며 특히 트라우마 치유에 큰 도움이 되고 있다. 멜은 또 이렇게도 말했다.

"저는 트라우마의 신경생물학에 관심이 많아요. 신체 감각 운동의 역학 중심으로 카운슬링과 테라피에 접근하고 싶어요. 제 경험상 치유 말들은 클라이언트가 자신의 몸과 행동의 패턴을 알아차리는 데 도움을 줘요. 인간의 심장 박동 수, 몸의 자세, 근육의 긴장도가 변할 때 반응하며 귀중한 피드백을 전달한답니다. 그리고 감정적인 동요를 어느 정도 막아주죠. 말들은 그 특유의 능력으로 우리가 대인관계에서 오는 트라우마를 극복하고 사회에 다시 복귀할 수 있도록 돕는답니다."

4 일상에서 반려동물의 요구를 더 잘 알아챌 수 있다

반려동물과 좀 더 알아차리는 관계를 만들어가다 보면 일상에서 그들이 원하는 것을 포함해 모든 메시지가 좀 더 쉽게 들어올 것이다. 우리에게는 그다지 중요한 일이 아닐 수도 있지만 반려동물에게는 이보다 더 의미 있는 일은 없다. 우리는 모든 종류의 크고 작은 활동과 이런저런 결정들 속에 파묻혀 살아간다. 그런 일상을 잠시 접고 의식적으로라도 반려동물에게 다가가 끊어버렸던 관계를 다시 잇기를 거듭할 때 반려동물을 더 행복하게 만드는 기본적이지만 중요한 것들로 돌아갈 수 있다.

태즈메이니아에 사는 헬렌 로즈는 이렇게 말했다.

그다지 대단한 소통은 아니에요. 그래도 신기한 게 저는 우리 개들이 마시는 물통에 물이 떨어지면 금방 알아요 ㅎㅎ. 이상하죠? 저희는 개를 두 마리 키우는데 아침마다 물통을 가득 채워주죠. 그런데 여름에 더울 때면 애들이 물을 더 많이 마셔요. 그런 여름 오후가 되면 제가 어디에 있든 '물이 부족하다.'는 생각이 들고 그럼 저는 집으로 가서 물통을 확인해보죠. 그럼 항상 물통은 비어 있어요.

한 가지 더 말씀드리면, 저는 제 개들 중에 도베르만 종 샘보다 바이마라너 종 윌슨과 좀 더 가까운 것 같아요. 산책을 갔다 오면 저는 윌슨이 우리 침대에서 잠깐 잘 수 있게 해줘요. 샘이 윌슨을 방해하지 않게 침실 문을 닫아주죠. 그러는 동안 저는 집 안일을 해요. 침실도 왔다갔다하면서요. 윌슨은 상관하지 않고 잘 자요. 그렇게 집안일 하느라 정신없다가도 갑자기 '나가고 싶다.'는 생각이 들어요. 그럼 저는 침실 문을 열어보죠. 그럼 어김없이 윌슨이 거기 서서 제가 와서 문을 열어주기를 기다리고 있어요. 짖지도 낑낑거리지도 않는데도 윌슨이 원하는 것을 바로 아는 거죠.

말(horse) 소유자들도 매우 유사한 이야기를 한다. 자신의 늙은 말을 늘 며칠에 한 번씩 찾아가보곤 했던 한 여인이 있었다. 그런데 어느 날은 갑자기 지금 당장 말을 봐야 한다는 생각이 강하게 들었다고 한다. 그래서 급히 찾아가봤더니 말이 다리를 절고 있었다고 한다. 여인은 자신이 도착하자 말이 이제 됐다는 듯 안심하는 것을 느꼈다고 했다.

누구나 반려동물과 파장이 맞는 일상의 순간들을 경험할 것이다. 그냥 흘끔거리고 봤더니 창문 밖에서 개가 안으로 들여보내주기를 기다리고 있을 수도 있다. 나는 오후가 되면 일하느라 정신이 없을 때가 많은데 그럼 우리 얼룩고양이 카루아가 내 작업실을 어슬렁대다가 명상할 때 쓰는 방석 쪽으로 가 그 옆에 앉는다. 오후 명상 시간임을 알려주는 것이다. 카루아는 내가 명상할 때 내 옆에 앉아 있기를 좋아한다.

우리 반려동물과 알아차림 수행을 하다 보면 그들이 일상에서 필요로 하는 것을 더 잘 알아채고 반응할 수 있다.

5 위험한 순간 더 효과적으로 반응할 수 있다

반려동물과 알아차림 수행을 하다 보면 보통은 불가능한 소통 채널이 열리기 때문에 위험한 순간 효과적으로 대처할 수 있다.

시드니에 사는 노엘린 볼턴이 이런 이야기를 해주었다.

캔버라에서 시드니까지 저의 골든리트리버를 친구들이 데려다 주기로 했어요. 친구들이 서턴 숲에서 잠시 쉬다가 우리 골든리트리버를 풀어주고 좀 걷게 해주었나 봐요. 그런데 이 아이가 그만 숲속으로 들어가버린 거예요. 그날 밤 친구들은 우리 애를 끝내 찾지 못한 채 충격을 받은 상태로 집으로 돌아왔어요. 우리는 다음 날 다시 가서 찾아보기로 했어요. 그리고 잠자리에 들었는데 '서턴 숲으로 가. 거기서 기다리고 있어'라는 소리가 들리는 거예요. 저는 벌떡 일어나 차를 몰고 한 시간 정도 걸리는 서턴 숲으로 갔어요. 그런데 막상 그곳에 도착하니 뭘 해야 할지 모르겠더군요. 그냥 고속도로를 빠져나와 국도로 들어간 다음 유턴을 했어요. 순간 제 차의 헤드라이트가 어떤 울타리를 비추었는데 거기에 골든리트리버가 한 마리 앉아 있었어요. 우리 개였지요! 저는 가끔 이유도 모른 채 직감에 따라 행동하곤 하는데 그때는 제대로 맞은 거죠.

이처럼 동물들이 텔레파시로 소통한다는 것을 알고 우리가 받은 메시지대로, 그것이 한밤중에 한 시간 운전을 하라는 메시지라도 기꺼이 행동으로 옮길 때 반려동물들에게 큰 도움을 줄 수 있다. 특히 위기의 시기라면 더 그렇다. 반려동물을 아끼는 사람이라면 동물들에게 큰 도움이 필요할 때 그런 메시지를 받으려고 애쓸 수밖에 없다.

그러므로 알아차림 수행이 도움이 된다. 알아차림 수행은 끊임없이 이어지는 생각을 멈추고 마음을 비워 메시지를 받게 하고 고대의 본래적인 소통 방식에 따라 행동하는 데 확신을 갖게 해준다.

반려동물과 매일 하는 알아차림 수행에
도움이 되는 요령 다섯 가지

1. 아침에 일어날 때마다 반려동물에게 감사한다. 주중에는 피곤해서 잠도 덜 깬 상태에 기분도 안 좋고 빨리 출근도 해야 하겠지만, 반려동물과 함께할 시간이 그리 길지 않음을 항상 기억하기 바란다. 인간의 수명에 비해 동물의 수명은 너무 짧기 때문에 하루하루가 소중하다. 동물 친구들에게 감사하고 그들과 함께 살 수 있음에 감사하자. 그리고 그들이 지금 현재를 살며 느끼는 방식을 잘 살피자.

2. 하루에 십 분씩 최소한 두 번은 오로지 반려동물만 생각하는 시간으로 정해둔다. 이 시간에는 녀석들의 배를 쓰다듬거나 목을 긁어준다. 아니면 녀석들과 함께하는 시간을 단순히 즐겨라. 이 시간에는 생각을 비우고 반려동물이 느끼는 것에 파장을 맞춰간다. 그들이 당신에게 보내는 메시지, 느낌, 표현 등을 보아준다.

3. 집에 돌아와 반려동물을 볼 때 이름을 불러주고 몇 분간 감사하는 시간을 갖자. 오는 동안 생각하던 것들은 다 잊고 반려동물에만 집중한다. 전화 통화를 하면서 한 손으로 반려동물을 쓰다듬어주는 것은 인사가 아니다. 당신이 지금 느끼는 감정만이 전부가 아니다. 당신의 반려동물은 바로 지금 어떻게 느끼고 있나?

4. 개와 산책을 나갈 때 휴대전화는 집에 둔다. 그게 힘들다면 최소한 주머니 속에 넣어두고 정말 중요한 전화가 오거나 위급한 상황에만 꺼낸다.

5. 마지막으로 잠들려고 불을 끄기 전 반려동물을 만져주고(같이 자지 않을 경우는 마음속으로 떠올리며) 당신에게 그들이 얼마나 소중하고 특별한 존재인지 알려준다. 그들이 하려는 말이 잘 들리게 항상 마음을 열어둔다.

6장.
반려동물과 명상하기

어느 날 저녁, 피터는 문을 조금 열어놓은 채 명상을 했는데 고양이 마니가 방 안으로 들어갔어요. 피터가 명상하는 동안 피터의 침대로 올라가 누웠어요. 피터는 마니가 하는 대로 뒀고 마니는 그들이 만난 이후 처음으로 등도 비벼대고 마치 기분 좋은 듯 그 분위기를 즐기며 편안한 시간을 보냈어요. 지금 마니는 피터가 명상할 때 자주 그 평화로운 분위기를 만끽하고 있어요. 피터를 많이 좋아하게 되었고 물거나 할퀴지도 않아요. 마침내 우리 셋이 진짜 가족이 되어 저녁이면 행복하게 소파에서 뒹굴게 되었죠.

판단하지 않고 현재의 순간에 집중하는 것이 알아차림이라면 명상은 뭘까? 명상은 특정 시간 동안 특정 대상을 알아차리는 것이다. 예를 들어 우리는 십 분 정도 호흡의 어떤 측면, 즉 숨을 들이쉬고 내쉴 때 느껴지는 코끝의 감각 같은 것을 네 번 정도 알아차리겠다 결심할 수 있다.

그럼 명상을 하는 것이다.

불교에서 정의하는 명상은 이것과 좀 다르다. 불교가 말하는 명상은 선한 목적 안에서 우리 마음을 샅샅이 알아가는 것이다. 불교에서 명상은 궁극적 깨달음을 위한 도구이기 때문이다.

명상의 목적이 영적이든 세속적이든, 육체적 훈련이 건강한 삶을 위한 것이라면, 이 마음 훈련은 알아차리는 삶을 위한 것이다. 영적인 목적으로 명상해도 세속적으로 좋은 결과가 나오고 그 반대의 경우도 마찬가지다. 헬스클럽에서 주기적으로 운동하면 무거운 것을 쉽게 나르고 계단도 쉽게 오르는 등 앉아서 일만 하는 사람과 비교해 육체적으로 힘든 일을 좀 더 쉽게 할 것이다. 마찬가지로 명상을 매일 꾸준히 하면 직장에서의 스트레스, 공격적인 사람들 같은 정신적으로 힘들게 하는 대상들을 정신적 자원이 없는 사람들과 비교해 훨씬 편하게 대할 수 있다.

명상이 육체와 정신에 매우 좋음은 과학적으로 많이 증명되었고 현재도 많은 연구들이 진행 중에 있다. 이 주제에 흥미를 느낀다면 『명상이 초콜릿보다 좋은 이유(한국어 가제, 데이비드 미치 저작, 원제는 Why Mindfulness Is Better Than Chocolate-옮긴이)』를 읽어보기 바란다.

동물들도 정말 명상할 수 있을까?

사실 개와 고양이를 비롯한 동물들은 타고난 명상가처럼 보인다. 동물들은 오랫동안 꼼짝 않고 앉아 어딘가를 지긋이 바라보기도 하고 정신적 자극이나 육체적 움직임을 굳이 필요로 하지 않으며 순간에 사는 것처럼 보인다. 우리와 다르게 동물들은 조용한 방에서 혼자 오래 앉아 있을 수 있다.

이들이 우리가 생각하는 명상을 정말로 하고 있는지는 알 수 없다. 그것은 당신 옆에서 명상하고 있는 사람이 정말로 명상하고 있는지 아니면 딴 생각만 하고 있는지 알 수 없는 것과 마찬가지다. 하지만 우리 동물들이 모든 종류의 비언어적 소통에 고도로 민감하고 직감 능력을 타고났고 심지어 정신감응 능력까지 보임을 고려할 때 최소한 바로 여기 현재의 순간에 아주 오랫동안 머무를 수 있다는 것만큼은 틀림없어 보인다.

삶의 지혜를 알려주는 동양의 모든 전통들이 중요하게 생각하는 명상은 사실 한 가지 점에 그 역할을 집중하고 있다. 즉 동양에서 명상은 우리 의식의 본성을 이해하고 경험하는 데 쓰이는 도구이다. 우리 마음에 대한 직접적이고 비개념적인 경험을 가능하게 하는 것이 명상의 가장 위대한 점이고 가장 좋은 점이다. 우리 마음에 대한 이론적인 이해가 아닌 직접적인 경험은 우리에게 개인적으로 대단히 가치 있는 일이다.

동물이 이런 의식의 직접적 경험을 하지 않을 이유가 없다. 책을 읽고 가르침을 받고 개념적 틀을 계발하는 것도 강박적 사고를 하는 사람에게는 도움이 될 것이다. 하지만 어느 시점이 되면 우리는 생각을 비우고 의식을 있는 그대로 관찰하는 법을 배워야 한다. 바로 이 시점에서는 개와 고양이들이 모르긴 몰라도 우리보다 더 나은 수행자일 것이다!

반려동물과 함께하는 명상에 도움이 되는 요령 몇 가지

이 책을 읽는 독자라면 이미 명상을 해보았을 것이다. 그래도 명상을 전혀 접해보지 않았거나 다시 시작해야 하는 사람을 위해 이 장 마지막에 '명상하는 법'이라는 제목으로 명상할 때 유의할 점을 적어두었다. 내 웹사이트, www.davidmichie.com을 방문해 다양한 무료 명상 안내서를 다운받아도 된다.

반려동물과 함께 명상하려고 원래 하던 명상 방식을 바꿔야 할까? 만약에 앞으로 살펴볼 8장에서의 경우처럼 명상의 목적이 치유라면 명상의 내용이 평소와 달라져야 할 것이다. 그 외에는 평소에 하던 대로 하되 다음과 같은 부수적인 것들 몇 가지만 바꾸기 바란다.

반려동물이 명상하는 방에 자유롭게 드나들도록 한다

내 책『달라이라마의 고양이』시리즈에 영감을 준 우리 첫 고양이 우직 공주가 우리 집으로 와준 후에도(영광스럽게도!) 나는 매일 아침 내 서재에서 문을 닫고 조용하고 평화로운 가운데 명상하기를 계속했다. 그런데 며칠이 지나자 문 긁는 소리가 나기 시작했다. 명상할 때는 모름지기 외부에서 오는 소음에 주의를 주지 말아야 하므로 나는 무시했다.

그런데 문을 긁는 소리가 점점 더 끈질겨졌다. 나도 끈질기게 무시했다.

명상을 잠시 쉬면 괜찮다가 다시 시작하면 또 긁어댔다. 결국 나는 받아들이기로 했다. 일어나 문을 열어 우직 공주가 들어오게 했다. 공주는 내가 앉아 있던 곳으로 와 내 옆에 자리를 잡더니 고맙다는 듯 가르랑댔다. 그것도 소음이긴 했지만 그 정도는 기분 좋게 참을 만했다.

우직은 이제 저세상으로 떠났지만 그때부터 아내와 나는 늘 고양이와 함께 살고 있고 명상할 때는 꼭 문받이를 이용해 작은 털북숭이 친구들이 통과할 수 있을 정도만 열어둔다.

당신의 성공적인 명상을 위해서 그리고 반려동물의 편의를 위해 문이나 창문을 조금 열어두기 바란다.

요즘 나의 명상 친구인 카루아는 내가 명상을 마치고도 가만히 앉아 있으면 팔 다리를 쭉쭉 늘리며 내 쪽으로 다가오곤 한다. 마치 '명상 끝났네요. 이제 뭐할 거예요?'라고 묻는 것처럼. 그런 다음 일어서서 방 밖으로 나가버린다.

_ 육체적 접촉은 반려동물에게 맡긴다

명상할 때 손을 반려동물(개, 토끼, 돼지, 고양이 등등) 몸에 올려두며 반려동물을 안심시키라고 말하는 사람들도 있다. 하지만 나는 반려동물이 바로 옆에 있어도 내 두 손을 한 쌍의 조개껍데기처럼 모으고 허벅지 위에 내려놓고 명상한다. 지난 2천5백 년 동안 명상가들이 고수해온 명상 자세이기도 하고 그런 자세에는 다 이유가 있다고 생각하기 때문이다.

명상하는 중이라면 우리 몸과 마음의 평화를 전달하기 위해 굳이 반려동물과 신체적으로 접촉할 필요는 없다. 우리 동물들은 집에서 정반대 쪽에 있다고 해도 이미 그런 평화를 다 감지하고 있다. 이들은 사실 우리가 생각하고 경험하는 것보다 우리와 훨씬 더 직접적으로 연결되어 있기 때문에 명상으로 전에 없이 몸에 긴장이 풀리고 마음이 집중하는 상태가 될 때도 금방 알아챈다.

물론 반려동물이 바로 옆에 앉고 싶어 한다거나 무릎 위에 올라오고 싶다고 하면 명상에 방해가 되지 않는 선에서 스스로 허락할지 말지를 결정하면 된다. 주디 샘슨-홉슨이 이메일로 자신의 거구 얼룩고양이 찰리에 대해 말해주었는데 빙그레 웃음이 나는 이야기였다. 찰리는 껴안고 코를 부비고 시끄럽게 가르랑대기를 좋아한다고 한다.

147

명상하려고만 하면 찰리가 나타나요. 하지만 아주 선불교스럽죠. 아주 천천히 그리고 조용히 걸어와서 무릎 위로 파고들죠. 물론 꼭 무릎을 덮어놓은 숄 안으로 파고들기는 하지만요. 그리고 5킬로그램이 넘는 몸을 동그랗게 말고 방해하지 않겠다는 듯 평소와 달리 아주 조용히 가르랑대다가 금방 잠이 들어요.

마찬가지로 개를 사랑하는 사람들도 명상만 하려고 하면 거구의 개 친구들이 그다지 은밀하지는 않은 방법으로 무릎 속을 파고든다고 말하곤 한다.

_ **눈에서 멀어진다고 마음에서도 멀어지는 것은 아니다**

강요한다고 될 일이 아닌 것은 인간이든 동물이든 매한가지다. 아무리 반려동물과 같이 명상하고 싶어도 요구하지는 말고 초대만 해두자. 그리고 좋은 에너지를 나누겠다고 반항하는 기니피그나 토끼를 명상 방에 가둬놓는 일은 절대 하지 말아야 한다.

우리 인간은 다른 사람의 마음을 읽는 능력을 대부분 잃어버렸지만 동물들은 그렇지 않다는 연구 결과들이 많다. 특히 반려동물에 관해서라면 눈에 보이지 않는다고 해서 마음까지 멀어지는 것은 아니다. 반려동물들은 우리가 지금 방석에 앉아 무엇을 하고 있는지 아주 잘 알지만 무슨 이유에선지 함께하기 싫을 수도 있다. 동물들은 우리와 몸으로 무엇을 함께하기보다 마음으로 함께하기를 더 좋아한다. 설사 그렇지 않더라도 명상을 하지 않는 것도 그들의 선택이다.

명상하는 동안 반려동물이 육체적으로 함께하지 않는다고 해서 우리가 하는 일을 존중하지 않는 것도, 그것으로부터 혜택을 받지 못하는 것도 아니다. 특히 명상을 이제 막 시작한 사람이라면 반려동물도 명상에 익숙해질 시간이 필요하다. 반려동물이 함께하든 안 하든 당신만의 명상을 계속해나가자. 우리 자신만의 균형과 너그러움과 행복감을 계발해나가는 것으로도 명상의 가치는 충분하다. 그리고 그 혜택을 다른 누구보다도 반려동물들이 제일 먼저 볼 것이다.

반려동물과 명상할 때 좋은 점

― 반려동물이 차분해진다

반려동물은 우리 마음과 연결되어 있기 때문에 우리의 감정 상태에 고도로 민감하다. 우리가 뛰거나 크게 소리만 쳐도 개들은 쉽게 흥분한다. 감정 전염 효과가 있으므로 반려인이라면 몇 초 만에 자신의 반려견을 짖거나 뛰게 할 수 있다.

우리가 긴장을 풀고 차분해질 때도 반려동물은 그에 맞게 반응한다. 명상의 수많은 좋은 점 중에 심신 이완 효과는 특히 과학적으로 가장 많이 증명된 것이다. 명상은 우리 면역력을 강화해주고 통증 관리를 도와주며 마치 천연 소염제처럼 기능하며 불안감과 우울감을 해소해주고 행복감을 더해준다. 좋은 점 몇 가지만 들어도 이 정도이다. 명상을 하면 명상이 처음이라도 심오한 평화와 근본적인 행복감을 느끼기 시작한다.

반려동물과 함께 명상할 때 반려동물도 이런 좋은 점들을 똑같이 경험할 수 있다. 그 효과의 정도에 대해서는 좀 더 연구가 필요하다. 하지만 명상을 할 때 반려동물이 눈에 띄게 관심을 보인다고 말하는 사람이 많은 것을 보면 우리가 명상을 통해 심신의 변화를 경험할 때 보이지 않는 끈으로 연결되어 우리 동물들도 그 변화 속으로 끌려 들어옴이 분명하다. 그 정확한 이유는 아직 모른다. 우리가 명상을 통해 하나가 되는 상태(혹은 우주와 파장이 맞는 결맞음장 상태)로 들어가는 것처럼 그들도 똑같은 전환을 스스로 이룰 수 있기 때문일 수도 있고, 단순히 더 행복해지기 때문에 그런 상태에 있는 우리에게 끌리는 것일 수도 있다.

_ **서로간의 신뢰가 강해진다**

그 어떤 활동, 특히 언어를 초월한 교감이 이루어지는 활동을 정기적으로 같이 할 때 자연스럽게 강력한 연대가 생긴다. 나는 기업인들을 대상으로 알아차림 수행법을 가르치곤 하는데 같이 앉아 수행하는 기업인들 사이가 긴밀해짐을 볼 수 있다. 다른 활동과 구별되는 무언가 중요하고 좋은 일을 공유하고 있다는 느낌이 그들을 하나로 묶어준다('구별되는'이란 뜻의 set apart에서 신성하다는 뜻의 sacred가 나왔다). 반려동물과 함께 명상할 때도 마찬가지다. 명상 여행을 오래 같이 할수록 연대는 더 강해진다.

_ **훈련이 쉬워진다**

연대가 강해지면 기꺼이 서로를 위해 움직이기 마련이다. 서로를 잘 아는 것에서 나아가 본질적으로 하나라고 느끼기 때문이다. 그런 탄탄한 신뢰를 고려하면 명상이 훈련을 용이하게 한다는 훈련사들의 보고가 전혀 놀랍지 않다.[1]

_ **관계 회복을 위한 에너지 변화에 좋다**

명상은 말과 눈을 통한 보통의 양식과는 상당히 다른 방식으로 서로를 하나로 묶어준다. 명상으로 반려동물들이 더 쉽게 다가올 수 있는, 우리의 숨겨진 측면들을 보여주게 된다. 그러므로 명상은 사실 사람과 사람 사이에 존재하는 장애물을 제거하는 데도 좋다.

나는 유기동물 센터에서 입양된 동물들이 처음에는 반려인을 기피하거나 무관심한 듯하다가 반려인이 명상을 시작하자 행동의 변화를 보였다는 이메일을 많이 받는다.

특히 미국의 한 독자가 보내온 다음 이야기가 인상적이다.

우리 얼룩고양이 마니는 제가 피터와 데이트를 시작할 때 피터를 그다지 좋아하는 것 같지 않았어요. 피터의 무릎에 곧잘 앉고 피터가 자기를 껴안게 두기도 했지만 그러다가도 피터를 할퀴고 물어버렸죠. 왜 그런지 짐작은 했었죠. 고양이들은 대부분 변화를 좋아하지 않으니까요. 그런데 피터도 고양이 털 알레르기가 있어서 마니를 그렇게 썩 좋아할 수는 없었지요. 덕분에 우리의 저녁 시간은 짧게 끝나버리곤 했어요. 피터가 얼른 고양이 없는 자기 집으로 돌아가고 싶어 했으니까요.

고맙게도 피터는 우리를 잘 참아주었어요. 항히스타민제를 복용하기 시작했고 열 달 후 같이 살게 되었지요. 마니는 여전히 피터에게 무관심했고 둘 사이는 무덤덤했지요. 피터는 고양이가 나타나면 고양이가 들어갈 수 없는 자기 방으로 가버렸죠. 피터가 자기 방에서 호흡 명상을 시작했어요. 문을 꼭 닫고요. 그러던 어느 날 저녁, 피터는 어쩌다 문을 조금 열어놓은 채 명상을 했는데 마니가 방 안으로 들어갔어요. 피터가 명상하는 동안 피터의 침대로 올라가 누웠어요. 피터는 마니가 하는 대로 뒀고 마니는 그들이 만난 이후 처음으로 등도 비벼대고 마치 기분 좋은 듯 분위기를 즐기며 편안한 시간을 보냈어요. 지금 마니는 피터가 명상할 때 자주 평화로운 분위기를 만끽하고 있어요. 심지어 피터가 명상하러 이층으로 올라갈 때는 미리 아는 것 같아요. 피터를 많이 좋아하게 되었고 물거나 할퀴지도 않아요. 마침내 우리 셋이 진짜 가족이 되어 저녁이면 행복하게 다함께 소파에서 뒹굴게 되었죠.

간단한 명상을 혼자 조용히 진행하는 것만으로도 마니와 피터의 경우처럼 관계 속 장애물이 사라질 수 있다. 다른 아무런 조치도 없이 말이다. 심지어 말 한마디 없어도 관계의 양상이 서로 받아들이는 것은 물론 따뜻하게 안아주기까지 할 정도로 강력하게 바뀌곤 한다. 나는 이런 이야기를 많이 듣고 실제로 목격하기도 하지만 그때마다 놀라곤 한다.

나는 반려동물들이 우리가 명상하고 있을 때와 그냥 앉아 있을 때를 명확하게 구분한다고 확신한다. 언젠가 책상 의자에 앉아 몇 분 정도 만트라를 암송한 적이 있는데, 몇 분도 안 되어서 카루아가 나타났고 책상 위 내 쪽으로 가까이 앉으려 애썼다. 또 한 번은 카루아가 현관 밖 문간에서 잠들어 있을 때 명상을 시작한 적이 있는데 얼마 안 가 카루아가 깨어나 예의 그 고음으로 야옹거렸는데 나한테는 그 소리가 꼭 왜 자기 자는 동안 명상을 하느냐고 타박하는 소리 같았다.

⎯ 변화의 시기에 반려동물을 도울 수 있다

유기동물 센터에서의 시간, 새 가족과 친해지는 시기 혹은 가족이 이사를 가는 시기는 반려동물에게는 격변의 시기로 대단한 스트레스를 야기한다. 사랑하는 동료 동물 가족이 죽거나 새 가족을 받아들여야 할 때도 마찬가지다. 이때 동물들과 함께 명상하면 트라우마를 최소화할 수 있다.

얼마 전 지인 부부가 유기견 센터에서 여섯 살 난 닥스훈트 자매 두 마리를 데리고 왔다. 전에 개를 키워본 적이 없던 부부는 개들이 잘 적응할지 어떨지 확신이 서지 않았다. 유기견 센터 사람들은 개들을 너무 흥분시키지는 말고 일상의 규칙을 정해주고 새 환경에 적응할 시간을 넉넉히 주는 것이 좋다고 조언을 해주었다.

개들은 집에 도착하자마자 집 안 구석구석을 탐색하더니 새 집에 재빨리 적응하는 것 같았다. 다음 날 다른 가족들이 바비큐 파티에 왔을 때도 마치 오래 알던 사람들인 양 꼬리를 흔들며 반겼다.

모든 반려동물이 다 각자만의 개성이 있고 반려인과의 관계도 다 다르지만 명상은 그런 관계에 큰 영향을 준다. 지인 부부가 개들을 입양해 데려온 날 처음으로 개들과 함께 명상을 했다. 두 마리 개도 자연스럽게 명상 방으로 들어와 그들 옆에 앉았다고 한다. 나중에는, 한 마리는 아내와 명상하기를 좋아하고 다른 한 마리는 남편과 명상하기를 좋아하게 되었다. 이 개들은 명상하는 일상을 어찌나 좋아하는지 명상 시간이 되면 명상 방 문 앞에 서서 반려인이 나타나기를 기다린다고 한다.

입양한 지 몇 주도 안 되어서 두 닥스훈트는 이미 부부와 몇 년을 같이 산 듯 보였다. 두 마리의 성격이 서로 많이 다른 탓에 집 안팎으로 각자가 좋아하는 장소를 정하는 일도 그리 어렵지 않았다. 그 집을 방문하는 사람들은 개들이 그 집에서 이미 평생 산 것 같다고 말한다.

이 가족에게 명상이 어떤 영향을 주었는지 정확하게 증명할 수는 없지만, 부부는 닥스훈트 자매가 명상하는 집안에서 살게 되어 좀 더 평온한 분위기에서 좀 더 편안하게 적응할 수 있었다고 믿고 있다.

인간이든 동물이든 자기만의 세상이 전복되는 힘든 시기라면 매일 내면의 빛과 평화에 가 닿는 시간이 필요하다. 더 안정되고 기본적으로 모두가 편안한 영적 세상을 매일 경험하는 것이 물질 세상에서 일어나는 변화들에 적응하는 데 큰 도움이 된다.

_ **반려동물의 일상적인 요구를 더 잘 알아차린다**

알아차리기는 쉬운데 알아차릴 것을 기억하는 것이 어렵다고들 한다. 예를 들어 밥을 먹을 때나 샤워를 할 때와 같이 일상생활을 통해서만 알아차림 능력을 계발하는 것도 가능은 하지만 매일 앉아서 명상을 할 때 더 수준 높은 알아차림을 경험한다. 알아차림 능력을 배가시키는 데 명상만큼 좋은 것도 없다.

반려동물과 함께 명상하면 반려동물의 상태를 더 쉽게 알아차릴 수 있다. 명상으로 친밀한 관계를 만들어가다 보니 명상하지 않는 시간에도 서로를 잘 알아차릴 수 있는 것이다. 서로에게 쉽게 다가가다 보니 최적화된 비언어적 소통이 일어난다.

_ 치유의 길을 연다

명상과 치유는 서로 매우 밀접한 관계에 있다. 레이키 수행자들도 명상이 곧 치유라고 말한다. 반려동물과 함께 명상하는 습관을 들이면 건강한 몸을 부르는 에너지에 집중하는 능력도 커지기 때문에 반려동물이 몸이 건강해진다. 이 주제는 8장에서 좀 더 자세히 다루려 한다. 반려동물들은 우리의 정신 상태와 늘 연결되어 있기 때문에 우리 스스로 조화롭고 건강하고 균형 잡힌 몸과 마음을 갖고 있다면 동물의 몸과 마음도 그렇게 된다. 그리고 다른 존재를 육체적 정신적으로 행복하게 하는 부드럽지만 강력하고 구체적인 방법을 알고 있다면 그들의 육체적 정신적 회복을 도울 수도 있다.

_ 변화를 위한 자국을 남긴다

지금까지 말한 좋은 점들 모두 다 훌륭하지만 불교적인 관점에서 봤을 때 명상의 주요 목적은 스트레스를 해소하거나 관계를 돈독하게 하는 데 있지 않다. 이런 것들은 다 부수적인 효과일 뿐이다. 명상의 진짜 목적은 내면의 성장이다. 이 성장은 마음의 진정한 본성을 직접적, 직관적으로 경험할 때만 가능하다.

반려동물과 함께 명상할 때 당장 나타나는 부수적인 좋은 점들 외에도 그들 의식에 다음 생에도 명상할 수 있는 씨앗이 심어진다. 명상이 그들의 의식을 바람직한 방식으로 길들이는 셈이다. 명상으로 반려동물의 마음이 더 가치 있는 것들에 익숙해진다. 반려동물이 명상을 평화롭고 긍정적으로 받아들일 수 있을 때 그 마음에 더할 수 없이 좋은 카르마가 생긴다. 더불어 변형을 유도하는 만트라 소리에까지 익숙해지면 그 자체만으로도 다음 생에 깨달을 가능성이 한층 더 높은 존재로 태어난다고 한다.

요컨대 반려동물과 함께 명상할 때 깨달음으로 향한 그들만의 여정에 장기적으로 가장 심오하고 가장 긍정적인 영향을 줄 수 있다.

반려동물과 명상하는 법

_ **명상 장소와 시간**

조용한 방에서 아침에 일어나자마자 명상하는 것이 가장 좋다. 보통 저녁보다는 잘 자고 일어난 아침에 몸이 더 개운하고 마음도 덜 어수선하기 때문이다.

_ **얼마나 오래 명상해야 하나?**

명상이 처음이라면 10~15분 정도로 시작하자. 명상은 억지로 해야 할 일이 아니라 하고 싶은 일이어야 한다. 적어도 호기심만이

라도 있어야 한다. 하다 보면 내면이 더없이 평화로워질 것이다. 명상을 끝낼 때는 무슨 어려운 일을 해치운 느낌이 아니라 방금 한 일에 긍정적인 기분이 드는 것이 바람직하다. 자투리 시간으로 시작하더라도 집중력이 좋아지면 자연스럽게 명상 시간이 늘어날 것이다. 시간을 확인하며 명상하는 사람도 있지만 집중에 방해가 되면 휴대전화 알람을 맞춰놓자. 알람 소리는 크지 않게 맞춰둔다.

_ 명상할 때 몸의 자세

신발은 벗고 벨트를 매야 하거나 꽉 끼는 옷은 피한다. 티셔츠, 스웨터, 반소매 반바지, 운동복, 실내복 종류가 제일 좋다.

등은 펴고 앉는다. 바닥에 방석을 놓고 결가부좌한다. 이것은 수천 년 동안 권장된 자세이다. 하지만 등 혹은 무릎이 아프거나 다른 이유에서 결가부좌가 힘들다면 등받이가 곧은 의자에 앉아도 좋다. 등을 펴는 것이 명상 자세에서 가장 중요한데 그 이유는 척추가 중추신경계를 관장하기 때문이다. 등은 반드시 펴고 앉아야 한다. 하지만 우리 등은 엉덩이 쪽으로 갈수록 조금 구부러지는 경향을 보이는데 이것은 자연스러운 모습이다. 명상할 때는 등을 너무 구부려도 안 되지만 너무 인위적으로 곧추세워서도 안 된다. 방석에 앉든 의자에 앉든 침대에 눕든 마찬가지다.

손은 무릎 위에 자연스럽게 올려둔다. 오른손을 왼손 위에 놓고 손바닥은 위로 향하게 해 조개껍데기 모양을 만든다. 양손 엄지

손가락 끝이 배꼽 높이 정도에 있으면 된다.

어깨에 긴장을 푼다. 양 어깨를 약간 뒤로 밀듯이 내리며 편안하게 한다. 동시에 양팔의 긴장도 자연스럽게 푼다.

머리의 각도를 조정한다. 흥분 상태에 있으면 턱을 약간 아래로 향하게 해 흥분을 가라앉힌다. 나른하고 졸린 상태면 턱을 약간 들어 올린다.

얼굴의 긴장을 푼다. 입, 턱, 혀는 지나치게 팽팽해도 너무 늘어져도 좋지 않다. 눈썹에 힘을 뺀다. 혀끝을 앞니 바로 뒤에 두면 침이 너무 고이거나 마르지 않게 유지할 수 있다.

눈을 감거나 1~2미터 앞을 초점 없이 지긋이 본다. 눈을 반쯤 뜨고 아래를 보는 것도 좋지만 처음 명상할 때는 눈을 완전히 감는 것이 집중하기에 더 좋다.

_ **심리적 자세**

최적의 상태로 자리를 잡았다면 몇 번 심호흡을 한다. 숨을 내쉴 때마다 **그 순간의 모든 생각, 느낌, 감각을 내보낸다.** 명상을 시작할 때마다 그렇게 몇 번 심호흡을 해서 기존의 마음속에서 벌어지고 있는 일들을 깨끗이 떠나보낸다. 가능한 한 과거도 미래도 아닌 지금 여기 현재에만 있도록 한다.

자신에게 명상을 허락한다. 자신에게 이제부터 얼마간 일상적인 걱정은 하지 않아도 된다고 말해준다. 명상을 몸과 마음의 균형

159

을 되찾는 충전의 시간으로 삼는다.

분명한 동기부여로 시작한다. 다음은 명상과 불교가 처음인 사람을 위한 동기부여문과 티베트 불교 수행에 어느 정도 수준에 이른 사람을 위한 동기부여문이다.

일반적인 동기부여

이 명상 수행으로
내 마음이 편안해지고 고요해진다.
행복해지고 모든 일에 유능해진다.
나 자신과 다른 모든 존재를 위해 명상한다.

이것은 단지 하나의 예일 뿐이니 당신이 원하는 대로 바꿔서 사용하기 바란다. 다만 시제는 미래가 아닌 현재로 하고 긍정적인 문장을 만든다. 예를 들어 점점 인내심이 커진다는 좋지만 화가 점점 줄어든다는 좋지 않다. 그리고 다른 존재들의 안녕을 위함도 반드시 밝혀둔다.

티베트 불교도들의 동기부여

불교도를 위한 동기부여는 불법승(Buddha, Dharma, Sangha) 삼보에 귀의하고 육바라밀(六波羅蜜, 여섯 가지 실천 덕목으로 바라밀은 저 언덕에 이른다는 뜻이다. 보시는 베풂, 지계는 계율을 지켜 선을 행함, 인욕은 참고 용서함, 정진은 꾸준히 용기 있게 노력함, 선정은 마음을 바로잡아 고요한 정신 상태에 이름, 지혜는 참모습을 바르게 보는 것이다. -옮긴이)을 수행하며 보리심 (Bodhichitta)을 확고히 하겠다는 세 가지 수행을 다짐하는 것으로 구성한다.

> 깨달을 때까지 불법승 삼보에 귀의한다.
> 육바라밀을 수행하는 것으로
> 다른 모든 존재를 위해 성불하리라.

동기부여문은 명상을 시작할 때마다 눈을 감고 세 번 암송한다. 육체적 정신적으로 편안한 상태에 이르는 데 도움이 될 것이다.

명상 1 – 호흡 명상

들숨과 날숨, 호흡을 헤아리는 수식관(breath counting) 명상은 수행에 있어 초심자, 고수 가릴 것 없이 모두가 이용할 수 있으며 모든 수행 전통에서 폭넓게 이용되는 명상법이다. 여기에는 그만한 이유가 있다. 먼저 호흡은 어디서나 우리와 함께하기 때문에 명상 대상으로 편리한 면이 있다. 호흡은 전적으로 자연적인 현상이므로 주의를 집중하기 위해 무언가 다른 인위적인 대상을 찾을 필요가 없다. 호흡에 집중하면 호흡이 자연스럽게 느려지므로 신진대사도 느려지고 따라서 긴장이 풀리고 편안해진다. 몸과 마음의 안정을 위한 수행으로는 마음을 고요히 하면서 동시에 집중력도 높이는 수식관 명상만큼 좋은 것도 없다.

여기서 우리가 연습할 수식관 명상의 목적은 초점의 중심을 호흡으로 빠르게 전환하는 것이다. 그 방법은 간단한데 숨을 내쉴 때마다 머릿속으로 숫자를 세기만 하면 된다. 처음에는 숫자 4까지만 세고 다시 1부터 시작하는 것이 좋다.

다음은 그 구체적인 과정이다. 코끝에 주의를 집중한 후 숨을 들이쉬고 내쉴 때마다 감시병이 되어 코끝으로 들어가고 나오는 공기의 흐름을 관찰한다. 입을 꼭 다물어 모든 들숨과 날숨이 코를 통하게 하는 것이 가장 좋다. 하지만 그것이 힘든 상황이면 입술을 조금 벌린 채 호흡해도 좋다.

숨을 내쉴 때 마음속으로 '하나'라고 말하고 다음 번 내쉴 때 '둘', 또 그 다음 두 번은 각각 '셋', '넷'이라고 말한다. 그 외 다른 것에는 주의를 주지 않는다. 예를 들어 공기가 폐 속으로 들어가는 것이라든지 흉곽이 벌어지고 조여지는 현상에도 주의를 주지 않는다. 마음이 코끝을 떠나 방황하지 않게 하고 잠들지 않게 조심한다!

호흡 명상을 통해 우리가 원하는 것은 4까지 셀 때까지 호흡에만 집중하는 것으로 정말이지 간단하다. 하지만 그 간단한 것이 쉽지만은 않다. 당신도 실제로 해보면 왜 그런지 금방 알게 될 것이다. 이때다 하고 모든 종류의 생각들이 제발 한 번만 봐달라며 몰려들기 때문이다. 명상하겠다고 작정하고 앉았음에도 순식간에 예의 그 일상의 동요가 찾아오거나 졸린 상태가 되어버린다. 그러다 보면 어느덧 우리는 4까지 세는 그 간단한 일조차 까맣게 잊어버린다!

이것을 마음이 동요되었다고 하는데 사실 매우 자연스러운 일이다. 그런 일이 일어나 명상의 목적, 즉 호흡을 잊어버렸음을 깨달으면 처음부터 다시 세면 된다. 집중력이 부족하다고 자책하지 않도록 한다. 자신이 명상을 못하는 사람이라고 단정하지도 않는다. 마음이 동요되는 것은 더할 수 없이 정상적인 것이다. 우리 마음은 수행을 피하기 위한 온갖 창의적인 구실들을 끌어오는 데 그야말로 명수이다. 하지만 그 구실들에 혹하고 넘어가지는 말자!

명상에 어느 정도 익숙해지면 집중력이 예리해질 것이다. 그럼 매 순간의 세세함에 더욱 집중한다. 숨을 들이쉴 때 코끝에서 느껴지는 미세한 물리적 감각, 차가운 공기, 그리고 숨을 내쉴 때 느껴지는 따뜻한 감각 등등. 모든 들숨의 시작과 끝, 들숨과 날숨 사이의 간격, 날숨의 시작과 그 중간과 사라짐을 알아차린다. 숨을 내쉰 다음에는 좀 기다렸다가 다시 숨을 들이쉰다.

명상이 잘되면 대개 호흡이 느려지고 들숨과 날숨 사이가 길어질 것이다. 이때는 무엇에 초점을 맞춰야 할까? 이때는 긴장이 완전히 풀린 호흡 없는 편한 상태에 집중하면 된다. 아무런 요구도 방해도 없는 상태 말이다. 대단치 않은 상태처럼 들릴 수도 있지만 이때 마음이 가장 고요해지고 심오해진다.

호흡 명상은 육체적 정신적 상태를 순식간에 바꾸는 아주 강력한 도구이다. 보통 호흡 명상을 몇 분만 해도 마음이 안정되고 고요

163

해지는 것을 느낀다. 동물들 특히 반려동물들은 우리가 깊은 평화
와 행복한 상태로 들어갈 때 직관적으로 알아채므로 우리가 명상을
하면 동물에게도 우리 못지않게 좋다. 이것은 내가 매일 경험하는
일이다. 우리 고양이는 내가 명상을 시작하려고 하면 마치 자석에
이끌리듯 나에게로 온다. 그리고 내 옆에 웅크리고 자리를 잡은 다
음 기분 좋게 가르랑댄다. 내가 무슨 전염병이라고 옮기는 양 거들
떠보지도 않는 보통 때와는 전혀 딴판의 모습이다!

'나'만의 육체적 정신적 건강을 위해 명상하는 것도 충분히 좋
다. 하지만 그런 점들이 명상을 해서 직접적으로 좋아지는 것이라
면 그 외에도 이 장이나 다음 장들에서 소개될 덜 직접적이지만 더
큰 좋은 점들도 많다.

― 명상 공식적으로 끝내기

처음에 시작했던 동기부여를 다시 한 번 상기하며 끝내는 것이
좋다. 왜 그럴까? 우리 몸과 마음이 전환된 상태에서 하는 동기부여
는 고요한 호수에 돌을 던지는 것같이 큰 반향을 불러올 것이기 때
문이다.

일반적인 동기부여

이 명상 수행으로
내 마음이 편안해지고 고요해진다.

행복해지고 모든 일에 유능해진다.

나 자신과 다른 모든 존재를 위해 명상한다.

티베트 불교도들의 동기부여

깨달을 때까지 불법승 삼보에 귀의한다.

육바라밀을 수행하는 것으로

다른 모든 존재를 위해 성불하리라.

명상 2 - 누에고치 시각화 명상

명상 자세는 호흡 명상에서와 같다. 육체적 정신적 상태를 최적으로 유지할 수 있는 자세면 된다.

이제 황금빛의 커다란 누에고치 안에 앉아 있다고 상상한다. 황금빛은 무한한 행복, 끝없는 에너지, 건강, 번영, 아름다운 관계 같은 모든 좋은 것들을 상징한다. 다음 숨을 들이쉴 때 그 황금빛이 그 모든 의미들과 함께 같이 들어온다고 상상한다. 그 빛이 당신 몸으로 쏟아져 들어온다. 이제부터 숨을 들이쉴 때마다 행복감, 에너지가 더 커지고 더 많은 것들을 성취한다. 반려동물과 함께 명상할 경우 황금빛이 반려동물의 몸에도 흘러들어간다고 상상한다.

시각화를 이용해 현재 문제를 해결한다. 당신 혹은 반려동물에게 육체적 정서적으로 걱정되는 점이 있다면 황금빛이 그 모든 불안과 두려움과 좋지 않은 점들을 흡수하게 한다. 몇 분 동안 한 번씩 호흡할 때마다 당신과 반려동물의 삶 그 모든 측면들이 긍정적인 에너지와 심오한 행복감과 더할 수 없는 확신으로 자꾸자꾸 채워진다고 상상한다.

황금빛이 머리끝에서부터 발가락 끝까지 온몸에 스며든다고 상상한다. 황금빛이 당신과 반려동물 몸의 모든 부분, 모든 기관, 모든 세포를 관통한다. 온몸과 마음 구석구석이 강렬한 빛, 행복감, 만족감으로 채워진다. 황금빛과 하나가 될 때까지 숨을 한 번 쉴 때마다 더 심오한 행복감을 더 많이 느낀다. 당신과 반려동물이 그 자체로 에너지가 되고 목적이 되고 깊고 깊은 행복이 된다.

시각화 명상이 끝나갈 즈음에는 그 순간의 느낌을 알아차린다. 명상이 당신의 몸과 마음에 불러일으킨 긍정적인 효과를 마음껏 누린다. 일상을 살면서도 가능한 한 자주 그 느낌으로 돌아오겠다고 결심한다.

동기부여를 반복 암송하며 명상을 끝낸다.

이 시각화 명상은 우리 몸과 마음에 강력한 영향을 주고 신선하고 재미있기 때문에 많은 사람이 즐겨 하는 명상이다. 호흡할 때 같이 들어오는 빛의 색은 각자 원하는 대로 바꿔도 좋다. 예를 들어 군청색(deep blue)은 치유의 색으로 심신의 크고 작은 질병을 극복하는 데 좋다. 개와 고양이들은 오직 노랑색 황금색 파란색만 볼 수 있으니 이 색들이 반려동물과의 명상에는 가장 좋은 색임도 잊지 말기 바란다.

이 두 명상법은 명상을 처음 시작하는 사람에게 좋다. 이 외에도 명상법은 많다. 명상은 약간 '스포츠' 같은 느낌이다. 종류가 매우 많으며 각자에게 맞는 명상이 다 다르다. 그러므로 당신에게 맞는 명상법을 발견하고 꾸준히 수행하는 것이 중요하다.

8장 치유 편에서 좀 더 많은 명상법들을 소개할 것이다. 내 웹사이트 www.davidmichie.com에서 무료 명상 가이드 프로그램을 다운로드해서 시도해보아도 좋다.

7장.
반려동물을 더 나은 미래로 안내하는 법
그리고 카르마

아침에 일어나 개를 안아줄 때도 이렇게 속삭여보자. "이 사랑의 행위로 모든 살아 있는 존재를 위해 깨닫게 되리라." 고양이 먹이 깡통을 따줄 때도 이렇게 중얼거려보자. "이 자애로운 행위로 모든 살아 있는 존재를 위해 깨닫게 되리라." 산책을 나갈 때, 고양이 털을 빗겨줄 때, 무릎을 빌려줄 때 등, 기분 좋은 접촉이 일어날 때마다 매일 보리심의 동기를 밝혀보자. "이 ⋯⋯ 행위로(뭐든 긍정적인 행위면 된다) 모든 존재를 위해 깨닫게 되리라."

현재 어떤 종으로 살고 있든 지금 우리가 이렇게 살고 있는 것은 절대 우연이 아니며, 이전에 만들어놓은 원인에 따른 결과이다. 이것이 불교적 관점이다.

그리고 전생까지 갈 것도 없이 심리학자들이 이 생을 보는 관점이기도 하다. 심리학에서는 유아기의 성격발달기를 어떻게 보내느냐에 따라, 그리고 안팎에서 들어오는 만화경처럼 바뀌는 끝없는 영향력에 의해 우리의 세계관이 결정된다고 본다. 개와 고양이도 그러함은 두말할 것도 없다.

그런 영향력 중에 내면의 영향력이 더 중요한데 외부에서 오는 영향력은 어쩔 수 없지만 우리 내면의 마음은 조종할 수 있기 때문이다. 내면의 마음을 조종하는 것으로 세상을 경험하는 방식도 통제할 수 있다. 『법구경』에서 붓다는 이렇게 말했다.

모든 행동 그 전에 마음이 있다.
마음이 모든 움직임을 이끌고 만들어낸다.
고요한 마음으로 말하고 행동하면 행복이 따른다.
고요한 마음이 우리라면 행복은 우리의 그림자이다.

이러저러해야 행복할 수 있다는 전제는 불교적 관점에서 봤을 때 불행을 자초하는 미신이다. 하지만 소비문화가 득세하는 이 세상의 광고주들은 이런저런 문제들을 만들어내고 자신의 생산품들이 그 문제들을 해결할 수 있다고 말하며 끊임없이 잘못된 전제를 강화하고 있다. 매끈한 독일제 고급 자동차와 부자들이 사는 교외에 집을 갖게 된다고 해서, 혹은 영화배우처럼 생긴 사람과 결혼한다고 해서 진정으로 행복해지지는 않는다. 이 말에 조금이라도 의심이 들면 이미 그렇게 살고 있는 사람들을 한번 보라.

그들은 그런 것들을 갖지 못한 사람들보다 정말 행복한가? 그런 것들을 갖기 위해 짊어진 의무나 치른 대가를 살펴보자. 그래도 그들이 정말 부러운가?

내가 살고 있는 교외의 주거 지역만 해도 최고 부자들이 산다고 하지만 항우울제가 가장 많이 처방되는 지역 중에 하나이다. 호주의 퍼스 지역도 그 전형적인 예이다.

돈이 있으면 재정적인 문제야 크게 없겠지만, 돈이 삶의 의미를 찾아주고 자기수용, 평정심, 사랑, 진심을 담은 교류를 부르지는 않는다. 그 외에 행복을 주는 다른 많은 것들은 더 말할 것도 없다.

바로 지금 그리고 미래에 깊은 행복을 느끼고 싶다면 불교는 행복을 부르는 마음속 성질들을 계발하라고 한다. 행복을 원하면 행복의 원인을 만들어야 한다. 고통을 피하고 싶으면 고통의 원인을 만들지 말아야 한다. 언뜻 듣기에 간단해 보이지만 생각만큼 그렇게 간단한 문제는 아니다. 나만 해도 상냥하고 침착한 사람이 되고 싶어도 그렇게 쉽지만은 않은 것을 보면 말이다.

그렇다면 다른 존재가 행복할 수 있게 도와주기는 더 어렵지 않을까? 다른 존재가 인간이든 동물이든 우리가 그들 내면의 삶을 바꾸는 데는 분명 한계가 있는 것 같다. 하지만 알게 모르게 어느 정도 영향을 줄 수는 있다.

그런 의미에서 이 장에서는 우리가 그들에게 줄 수 있는 가장 중요한 영향으로 어떤 것들이 있으며 그것들을 이용하는 방법들을 구체적으로 제안해보려 한다. 여기서 우리의 목적은 반려동물로 하여금 특정 상태, 소리, 이미지에 익숙하도록 만드는 것이다. 이것은 반려동물이 이 생에서 긍정적인 경험을 하도록 도와주는 것에 그치지 않는다. 우리는 반려동물에게 그보다 훨씬 더 큰 선물을 주고 싶다.

🐕 긍정적인 원인이 긍정적인 결과를 부른다

불교가 말하는 연기 혹은 카르마는 이 생에서만이 아니라 그 훨씬 미래에까지 확장된다. 그러므로 이제 문제가 상당히 커진다. 몸, 말, 마음으로 하는 모든 행동이 자국을 남기고 그 자국들이 모여 우리가 세상을 경험하는 방식을 바꾼다. 그런데 그 영향이 다음 생에까지 이어진다?

붓다는 전생이 어땠는지 알고 싶다면 지금 생을 보라고 했다. 그렇다면 다음 생이 어떨지 알고 싶다면 이 생에서 어떤 원인들을 만들었는지 자문해봐야 할 것이다. 지금 당신의 인생이 매우 자기중심적이진 않은가? 당신 마음과 머릿속에 다른 존재의 행복을 위한 여지가 남아 있는가? 베푸는 것을 좋아하는가? 인내심을 기르고 있는가? 다른 사람에게 상처 줄 것을 알면서도 유혹에 넘어가지는 않는가?

덕을 많이 쌓아야 인간으로 태어날 수 있다고 한다. 그러니 친애하는 독자들이여, 이 생에서 그동안 잘못 살아왔다고 해도 당신들은 과거에 덕을 많이 쌓았음에 틀림없다. 연기론에 대한 물질주의적인 몇 가지 예를 들어보면, 많이 베풀어야 부유한 사람으로 태어나고 많이 인내해야 잘생긴 사람으로 태어난다고 한다. 하지만 중요한 것은 우리 마음의 물결을 가속화하는 것이 카르마이고 이 카르마가 안정적이고 조용하기보다 역동적이고 자기 증식의 성격을 보인다는 점이다. 그래서 아주 작은 원인이라도 그것이 특정 조건과 만나면 예측불가의 결과로 커질 수 있다. 왜 그럴까? 특정 카르마를 증폭시키는 것은 행동보다는 우리 마음속 의도이기 때문이다.

반려동물을 사랑하는 사람들은 동물이나 인간으로 태어나는 것과 카르마의 상관관계가 특히 궁금하다. 나의 스승이자 매우 존경받는 라마, 게셰 아차리아 툽텐 로덴은 자신의 책 『티베트 불교가 말하는 깨달음의 길(Path to Enlightenment in Tibetan Buddhism)』에서 이렇게 말한다. "업을 짓는 것을 영어로 karma throwing이라고 하는 데에는 다 그 이유가 있다. 업이 다음 생을 throw하기(던져주기) 때문이다. 한 생을 마치며 업을 완수할 때 우리가 다시 '던져질' 인생 속 상황들이 결정된다."[1]

업을 긍정적으로 지었지만 부정적으로 완수할 경우 우리는 인간으로 태어나기는 하지만 병, 가난, 전쟁 등을 겪는다. 이어서 게셰-라도 이런 말을 했다. "업을 부정적으로 지었지만 긍정적으로 완수할 경우 동물로 태어나더라도 예를 들어 영국 여왕의 코기견으로 태어난다."[2]

인간으로 태어나는 것이 더 나은 미래와 궁극적 깨달음을 부르는 수행들을 해나갈 수 있기 때문에 가장 좋은 것이라고 한다. 하지만 그렇다고 동물들이 미래의 초탈을 성취하는 데 필요한 덕성을 쌓을 수 없다는 뜻은 아니다. 단지 인간이 그럴 능력이 훨씬 더 많다는 뜻이다.

나는 독자들로부터 동물들이 도덕적으로 인간보다 낫다고 생각한다는 메시지를 많이 받는다. 동물은 자기 새끼나 다른 동물들을 고의적, 악의적으로 학대하지 않으며 모두가 함께 살도록 되어 있는 지구를 인간처럼 탐욕에 눈이 멀어 이렇게 무서운 속도로 파괴하지도 않는다 등이 그 이유이다. 집단으로서의 인류가 썩 잘 살아온 것 같지는 않다. 하지만 자신을 포함한 다른 존재들을 도울 수 있는 인간 개개인의 능력은 가장 선한 돌고래보다도 일반적으로 훨씬 더 뛰어나다.

중요한 것은 우리에게 주어진 인생이라는 이 유한하고 소중한 기회를 얼마나 잘 이용하느냐이다.

상상 가능한 가장 위대한 목적

모든 존재는 자신이 지은 업에 따른 생로병사의 똑같은 과정을 무한정 반복한다. 내가 이런 불교적 관점을 말하면 사람들은 "왜 그러는 거죠?"라고 묻는다. 우리는 모두 왕이었고 노예였고 동물이었고 인간이었고 성자였고 악당이었다. 대부분 게임의 규칙 그 역동성은 알지 못한 채 원을 돌고 또 돈다.

그런 의미에서 "왜 그러는 거죠?"는 아주 좋은 질문이다. 이 말이 이 생에서 태어난 이유를 묻는 것이든 더 큰 의미에서 모든 존재는 왜 태어나는지를 묻는 것이든 대답은 항상 똑같다. "그 이유는 없다." 적어도 우리가 이유를 만들어내기 전까지는 말이다. 깨달음으로 향한 우리 각자의 길은 끝없는 윤회(카르마와 망상에 의한 마음)의 괴로움을 충분히 맛본 후 그것에서 벗어나야겠다고 결심할 때, 바로 그때 비로소 시작된다.

연꽃은 불교에서 가장 상징적인 꽃으로 깨달음으로 향한 여정을 잘 보여준다. 연꽃은 끝없이 순환하는 존재를 뜻하는 진흙에 뿌리를 두며 늪지대라는 환경의 모든 것을 극복하고 수면 위로 힘차게 솟아올라 세상에서 가장 초월적이고 아름다운 꽃으로 피어난다.

_ **진흙이 없으면 연꽃도 없다**

전쟁과 기근을 보든, 죽도록 바쁘지만 제대로 돌아가는 일은 그다지 없는 일상을 보든, 공장식 축산 농장에서 수백만 마리씩 사육되어 도살장에서 매초 3천 마리씩 죽어나가는 동물들을 보든(가장 먼저 떠오르는 것만 봐도 이 정도다) 이 지구에서의 삶은 고통을 피할 수 없음이 객관적으로 분명해 보인다.

하지만 이 모든 문제를 단기간에 해결할 수는 없어도 이 모든 것에서 벗어날 길, 우리 이전에 수백만이 이미 밟고 지나갔던 길은 있다. 이 길을 알아차려야 한다. 이것이 우리 자신에게 그리고 우리가 소중하게 생각하는 다른 존재들에게 진 빚을 갚는 길이다.

티베트 불교는 혼자만의 자유가 아니라 다른 모든 존재도 그같은 상태에 도달하도록 돕기 위해 깨달을 것을 독려한다. 이것이 보리심이고 궁극적 동기이자 상상 가능한 가장 이타적인 목적이다. 보리심으로 생각하고 말하고 행동하기를 습관처럼 하는 것, 이것이 계발 가치가 충분한 우리의 목적이며 그렇게 할 수 있다면 우리 자신과 다른 존재들에게 무한한 혜택이 주어질 것이다.

주요 동기로서의 보리심

우리의 마음과 반려동물의 마음에 행복의 씨앗을 심을 기회는 매일 주어진다. 그리고 보리심이 행복을 위한 최종 도구이므로 이 동기를 더 자주, 더 습관적으로 떠올리고 반려동물에게도 자꾸 기억시키면 강력한 혜택이 돌아올 것이다. 더 많이 그럴수록 더 좋다.

보리심에 의한 행동은 좋은 카르마를 만드는 데 좋다. 보리심으로 행동할 수 있을 때 우리는 매일 좋은 일이 일어나기를 수동적으로 바라기만 하는 것이 아니라 미래의 깨달음을 위한 원인들을 직접 만들어내는 것이다.

보리심에 대해서는 샨티데바의 고전, 『입보리행론(A Guide to the Bodhisattva's Way of Life)』의 해설서 『깨달음, 싸가지고 가실래요?(한국어 가제, 데이비드 미치 저작, 원제는 Enlightenment To Go-옮긴이)』에 더 자세히 설명해두었다. 샨티데바는 보리심 계발에 대한 아름답고 강력한 게송을 많이 남겼는데 여기서 한 구절을 소개하겠다. 샨티데바는 이 구절에서 보리심을 '깨달음의 마음'이라고 한다.

다른 모든 덕성들은 바나나 나무 같다.
열매를 맺으면 시들어간다.
하지만 깨달음의 마음은 영원하다.
끊임없이 열매를 맺으며 끝없이 자란다.

샨티데바는 보리심이 얼마나 좋은지 설명한다. 바나나 열매처럼 한 번의 긍정적인 행동이 한 번의 긍정적인 결과를 내는 것이 아니라 보리심에 의한 행동은 같은 행동이라도 열매가 끝없이 영글어간다. 카르마 관리에 보리심보다 더 좋은 도구는 없다.

믿을 필요는 없다 - 마음만 열어둔다

이제부터 우리와 반려동물을 위한 더 나은 미래를 만드는 데 연기론을 이용하는 방법 몇 가지를 설명하려 한다. 앞 장에서 살펴본 알아차림 기술을 사용하면 우리 마음속에서 일어나는 일들을 통제하는 연습을 시작할 수 있다. 거기에 보리심까지 더하면 우리와 우리동물의 의식 속에 더 강력하고 좋은 흔적들을 의도적으로 그리고구체적으로 남길 수 있다.

불교를 처음 접한 사람이라면 카르마나 윤회 같은 개념들이 상당히 기묘하고 믿을 수 없다고 느껴질지도 모르겠다.

충분히 그럴 수 있다. 그런 것들을 믿을 필요는 없다. 물론 나는불교에서 내 인생의 길을 발견했지만 불교는 서양 문화 밖의 것이고 익숙해지려면 시간이 필요하다.

다행히 불교는 전도 사업을 하지 않고 더 행복해지는 도구만제공한다. 무신론자든 기독교도든 유대교도든 아무런 신념이 없는사람이든, 불교로 더 행복해지기만 하면 된다. 마음에 드는 도구들을 자유롭게 활용하고 나머지는 구석에 밀어두기 바란다. 다만 마음은 열어두자. 종종 어느 한 주제에 대한 이해가 깊어지면 기대하지 않게 다른 주제들도 깨닫게 된다. 그러다 보면 어느새 모든 도구들, 모든 수행법이 서로 멋지게 공명하는 것을 보게 될 것이다.

그럼에도 한 가지 점만은 강조하고 넘어가려 한다. 다름 아니라 불교가 말하는 카르마에 대한 설명이 완전히 틀렸다고 해도, 그러니까 우리가 지금 생각하고 행동하는 것과 미래에 우리가 경험하게 되는 것 사이에 아무런 연관이 없다고 해도, 그리고 죽고 나면 의식도 완전히 사라진다고 해도, 그럼에도 다른 존재의 행복을 추구하는 일은 여전히 가치 있는 일임을 강조해두고 싶다. 왜냐하면 그때 우리가 더 행복해지기 때문이다. 그것도 마음속 아주 깊은 곳에서부터 행복해지기 때문이다.

고대 그리스인들은 세상에 베푸는 것으로 경험하게 되는 심오한 행복감을 지복(eudemonia, 至福)이라고 했고 세상으로부터 무언가를 취하는 것으로 경험하게 되는 즐거움을 쾌락(hedonia)이라고 했다. 앞으로 나올 수행법들은 '지복'의 영역에 속하는 것들이다. 베풀 때 베푸는 사람이 가장 먼저 혜택을 본다던 붓다의 말에 고대 그리스인들도 동의할 것이다.

그리고 붓다는 다음과 같은 말도 했다.

어디서 들었다고 무턱대고 믿지 마라. 많은 사람이 그렇다고 말해도 무턱대고 믿지 마라. 네 종교의 성서에 쓰여 있다고 해서 무턱대고 믿지 마라. 너의 스승이나 연장자가 말했다고 해서 권위에 기대어 무턱대고 믿지 마라. 수세대를 통해 전해 내려오는 전통이라고 무턱대고 믿지 마라. 관찰하고 분석한 다음 합리적으로 생각해 동의할 만하고 모든 존재에게 좋고 골고루 혜택이 돌아가는 일이라면 그때 받아들이고 그에 맞게 살아라. •3

🐕

행복의 씨앗 심기

우리 반려동물의 마음에 행복의 씨앗을 심는 데 좋은 실질적인 방법으로 어떤 것이 있을까?

_ 보리심을 상기시킨다

반려동물은 우리의 마음에 와 닿을 수 있는 능력이 있다. 우리에게는 초자연적인 것이 반려동물에게는 자연스럽다. 정확하게 언제 어떻게 그럴 수 있는지는 분명하지 않지만 우리의 바람을 말해주고 동기를 불러일으켜주고 특정 말을 반복해줄 때 그 느낌을 기억하고 익숙해한다는 것만은 분명하다. 좋은 말을 선택해 말해주고 그때 깊은 행복감을 드러내는 이미지를 떠올릴 때 반려동물은 그 순간에 애착을 보인다. 보리심의 목소리를 가능한 한 매일 자주 들려주는 것이 우리가 반려동물을 위해 할 수 있는 가장 심오하고 가장 이로운 행위인 이유가 바로 여기에 있다. 보리심의 목소리를 들려주는 동안 세상 가장 자애로운 모습이나 형상을 함께 시각화해주면 더 효과적이다. 동물의 직관 능력은 말만큼이나 이미지 혹은 느낌과 강하게 연결되어 있기 때문이다. 예를 들어 나는 고양이들을 안아줄 때 깨달음의 축복을 뜻하는 밝은 황금빛이 우리 둘을 휩싸는 상상을 한다.

아침에 일어나 개를 안아줄 때도 이렇게 속삭여보자. "이 사랑의 행위로 모든 살아 있는 존재를 위해 깨닫게 되리라." 고양이 먹이 깡통을 따줄 때도 이렇게 중얼거려보자. "이 자애로운 행위로 모든 살아 있는 존재를 위해 깨닫게 되리라." 산책을 나갈 때, 고양이 털을 빗겨줄 때, 무릎을 빌려줄 때 등, 기분 좋은 접촉이 일어날 때마다 매일 보리심의 동기를 밝혀보자. "이 …… 행위로(뭐든 긍정적인 행위면 된다) 모든 존재를 위해 깨닫게 되리라."

처음에는 이 연습이 억지스럽고 심지어 맞지 않는 것처럼 느껴질지도 모른다. '개를 안아주는 것이 깨달음을 부른다고?', '어차피 먹이는 줄 텐데 그걸로 충분하지 않아?', '깨달음 깨달음 하는데 정확히 그게 뭐람?' 같은 생각이 들 것이다.

달라이 라마는 이렇게 말했다.

"보리심이 아직은 자발적으로 들지 않을 수도 있다. 그래도 계속 연마해야 한다. 보리심이 생기지 않더라도 보리심이 얼마나 좋은 마음인지 알고 포용하고 계발하기 시작하면 긍정적인 행동을 한 번씩 할 때마다 지금 당장은 변한 게 없어 보여도 미래

에 그 몇 배로 돌려받을 것이다."●4

티베트 불교에서 '사랑'이란 다른 존재에게 행복감을 주고 싶어 하는 마음이고 '자비'란 다른 존재가 고통에서 벗어나기를 바라는 마음이다. 참 포괄적이고 그래서 참 유용한 정의이다. 예를 들어 개와 놀아주면서 공을 던져주는 것도, 말이 좋아하는 곳을 달려주는 것도 사랑의 행위 안에 들어가는 것이다.

보리심이 현실을 바꾸는 그토록 강력한 도구인 것에는 보리심이 순수하고 위대한 사랑, 순수하고 위대한 자비를 구현하기 때문인 것도 한 이유이다. 여기서 '순수한'이란 보상을 전혀 기대하지 않는다는 뜻이다. 여기서 '위대한'이란 우리가 보통 함께하는 좁디좁은 범위의 사람들만이 아니라 모든 존재가 동등하게 행복하게 잘 살기를 바란다는 뜻이다.

하나의 동기로서의 보리심에 조금씩 익숙해지다 보면 행동으로 옮기기도 쉬워질 것이다. 그럼 보리심이 습관이 되고 이쯤 되면 보리심을 실천할 크고 작은 기회들을 스스로 찾게 된다. 그때 인생의 방향이 완전히 바뀌기도 한다. 그리고 마지막에는 우리가 생각했던 대로 살기 시작할 것이다.

이 책에서는 아무래도 보리심이 우리 반려동물을 돕는 쪽으로 제한되어 있지만 반려동물이 옆에 없을 때도 이 습관을 계속 강화하는 게 좋다. 예를 들어 욕실로 들어갈 때마다 살아 있는 모든 존재를 위한 정화 행위로 삼을 수 있다. 커피를 마시거나 영양가 있는 음식을 먹을 때도 살아 있는 모든 존재를 떠올리며 그들의 행복을 빌 수 있다.

반려동물이 보리심의 개념을 얼마나 이해하고 받아들이고 활용할지는 중요하지 않다. 우리가 그들 '인식의 연속체(마음)' 속에 변형을 불러일으킬 심오한 목적을 각인시킨다는 점이 중요하다. 우리가 그렇게 해주면 우리 동물들이 다음 생에 보리심과 마주칠 가능성이 더 커진다. 그리고 그렇게 보리심과 마주칠 때 끌려들어갈 것이다. 인간으로 태어난다면 그때 그 보리심을 스스로 더 탐구하고자 결심할 수도 있다. 그럼 그들은 세상에서 우리가 상상할 수 있는 가장 소중한 선물을 받은 것이다. 그리고 그 일을 우리가 도운 것이다.

_ 만트라 반복

만트라 암송도 우리 반려동물의 의식에 변형의 씨앗을 심어주는 아주 강력한 도구이다. 3장에서 소개된 바수반두의 이야기가 말해주듯이 신성한 노래를 듣는 것만으로도 비둘기가 인간으로 태어난다. 그것도 출중한 학자로 말이다.

만트라(mantra, 진언)는 산스크리트어로 '마음 보호'를 뜻한다. 각각의 만트라는 보통 산스크리트어나 티베트어로 혹은 여러 언어들의 조합으로 구성되고 여러 음절로 이루어져 있으며 특정 진리, 의미, 혹은 통찰을 드러낸다. 만트라 암송이 왜 좋은가에 대해서는 여러 수준에서 다양하게 살펴볼 수 있다.

첫 번째 수준: 만트라는 마음 집중에 좋다. 명상이 마음을 덕성에 완전히 익숙하게 하는 것이라던 붓다의 정의를 잊지 말기 바란다. 만트라를 반복할 때 우리가 하는 일도 정확하게 그것이다. 최소한 만트라를 암송하는 동안에는 좋지 않은 것들로부터 우리 마음을 보호할 수 있다. 그리고 우리 반려동물에게 만트라를 큰 소리로 암송해주면 그들의 마음도 만트라가 말하는 덕목에 익숙해진다. 더 많이 암송해줄수록 더 익숙해질 것이다.

두 번째 수준: 만트라는 그것만의 방식으로 영적 통찰을 가능하게 해준다. 만트라는 언뜻 보면 대개 그 뜻이 상당히 단순해 보인다. 티베트에서 가장 많이 암송되는 관자재보살(Chenrezig) 만트라인 "옴 마니 반메 훔(Om mani padme hum: 옴 마니 파드메 홈이라고도 한다-옮긴이)"을 보자. "옴 연꽃 속의 보석이여"란 뜻인데 이것은 일차적인 번역으로 단지 부수적인 의미만 드러낸다. 중요한 것은 이 만트라가 상징하는 것이다. 6음절 하나하나가 서로 다른 수준의 의미들과 서로 독립된 관조(contemplation)의 길을 지시한다. 이 만트라를 암송하며 그것의 의미까지 같이 관조할 때 깊은 이해를 동반하는 '작은 깨달음(aha experience)'들이 일어난다.

그런 깨달음은 분명히 인식하고 이해할 수도 있고 그렇지 않을 수도 있다. 하지만 개념화할 수 없다고 해서 그것이 실재하지 않는 것은 아니다. 비유하자면 초콜릿을 연구만 하다가 드디어 난생 처음 먹어볼 때 느낌 같은 것이다. 그 맛을 설명하는 말은 초콜릿을 먹어보지 않았을 때 사용했던 말과 같을 수 있다. 하지만 이제 그 말은 이론에만 그치는 말이 아니다. 개인적 경험에 근거해 말하고 있고 그 말의 진정한 의미를 알고 있다.

좀 더 미세한 세 번째 수준 : 우리 미세한 마음은 에너지와 앎이라는(즉 청정함과 인식) 두 가지 성질로 구성되어 있다. 만트라 암송은 앞의 두 수준에서도 일어나는, 알아가는 마음 부분만이 아니라 우리 마음의 미세한 에너지에도 영향을 줘 그 에너지로 하여금 특별히 좋은 방식으로 강하게 공명하게 만든다.

이 부분은 불교에서 밀교적 법에 해당하므로 입문 의식을 거쳐야 자세한 설명과 수행법을 들을 수 있다. 하지만 동양의 다른 전통들도 만트라 암송으로 프라나(prana: 숨 혹은 생명력)나 기(chi: 혹은 생명력)를 조절할 수 있다고 말한다.

나는 개인적으로 우리가 명상할 때 반려동물들이 우리에게 끌리는 것이 이 에너지의 전환 때문이라고 믿고 있다. 동물들은 대체로 우리가 현재 어떤 상태인지 잘 알아챈다. 그리고 우리가 마음 가득 평화와 자비를 느끼거나 다른 존재들과 하나임을 느낄 때 우리와 가까이 있고 싶어 한다.

네 번째 수준 : 만트라를 암송할 때 해당 만트라를 관장하는 신성의 특정 성질과 연결된다. 만트라 암송의 의미를 제대로 이해하지 못하고 있다고 해도 그 결과에 대한 신념만 갖고 임한다면 그 과정에 힘을 실어주게 된다. 나의 스승 자셉 툴쿠 린포체의 말을 빌리면 "만트라가 힘을 발휘할 수 있는 것은 말 때문이 아니라 말을 암송하는 사람의 믿음 때문이다."●5

만트라가 힘을 발휘할 수 있는 것은 공명 현상 때문이기도 하다. 특정 만트라를 읊으며 해당 의례를 반복할 때 우리는 과거에 그같은 일을 해온 사람들과 그 즉시 연결되고 그들이 해온 일로부터 혜택을 받는다.

만트라로 우리는 사랑하는 반려동물에게 순간의 따뜻한 만족감을 주고 위대한 성인을 포함한 선조들이 만들어놓은 공동 에너지를 끌어다 주고 깨달음의 길로 이끌 카르마의 씨앗을 심어준다. 이보다 더 멋진 선물이 또 있을까?

_ **정기적인 명상**

6장에서 우리는 명상의 좋은 점들을 자세히 살펴보았다. 이렇게 이로운 명상에 자연스럽게 주기적으로 노출될 경우 반려동물에게 긍정적인 카르마로 작용할 뿐만 아니라 다음 생에 인간으로 태어나 스스로 명상할 수 있는 씨앗으로 작용한다. 명상을 통해 반려동물의 의식에 비범한 흔적을 남기는 것으로 반려동물을 깨달음으로 통하는 문으로 데려갈 수 있다. 보리심에 기반한 명상이 우리가 반려동물에게 해줄 수 있는 최상의 봉사이다.

_ **탱화를 걸고 불상이나 다른 신성한 물건들을 가까이 둔다**

티베트 불교 수행에 관심이 있는 사람이라면 집에 탱화(thangka)

를 걸어두는 것도 좋다. 탱화는 역사적으로 실재했던 석가모니 붓다를 비롯한, 관자재보살(관세음보살)이나 자비심의 여성 붓다 타라 같은 붓다들의 이미지를 그려놓은 불화이다. 일상에서 이들에게 익숙해질수록 이들의 성향을 더 많이 갖게 될 것이다(불교의 신들 부분 참조).

선불교의 불상, 불화, 건축물이나 일본 불교 전통의 고혼존 (Gohonzon: 불교 족자–옮긴이)에서 볼 수 있듯이 불교의 다른 전통들도 신성한 물건들이 유사한 목적을 충족시킨다고 보고 있다.

불교 전통 국가들에서는 흔한 게 불상이지만 요즘은 서구 국가에서, 심지어 불교에 무관심한 사람들 사이에서도 인테리어 소품으로 인기를 끌고 있다. 실내에 명상하고 있는 사람의 형상이 있다는 것만으로도 고요한 분위기가 연출되기도 한다.

그런데 불상을 모시는 데 거쳐야 할 적절한 과정을 모르는 서양인들은 불교적 관점에서 보면 상상도 할 수 없는 실수를 저지르기도 한다. 예를 들어 우리 집 주변만 해도 집 앞 정원이나 베란다 등에 불상을 설치해놓은 모습을 어렵지 않게 볼 수 있다.

덕성과 영감을 불러일으키는 대상으로서의 붓다는 반드시 높은 곳에 모셔야 한다. 그게 여의치 않다면 최소한 낮은 단을 만들거나 의자나 옥좌, 비슷한 것에 모셔야 한다. 그 이유를 납득하기는 그다지 어렵지 않을 것이다. 예를 들어 클래식 애호가라면 베토벤의 흉상을 정원의 새 물통 옆이 아니라 그 위상을 반영할 수 있는 반짝이는 피아노 위나 선반에 모셔둘 테니까 말이다.

그리고 스포츠 팬이라면 좋아하는 축구 선수가 사인해준 상의를 먼지 가득한 창고 바닥에 두지는 않을 것이다.

마찬가지로 집안에 불상을 들일 때도 잘 생각해야 한다. 불상이 정원에 아무렇게나 둬도 되는, 전설에나 나오는 땅의 요정은 아니지 않은가?! 불상이나 붓다의 다른 이미지들을 존경심을 갖고 소중히 다루는 것은 붓다나 불교도를 화나게 할 것이 무서워서가 아니라(그럴 리가 없지 않은가?!) 그래야 우리 마음과 우리가 사랑하는 사람의 마음에 이롭기 때문이다. 운동선수, 예술가, 작가 지망생들이 동시대 자신의 영웅을 흠모하고 존경하는 것처럼 우리의 궁극적 목적을 떠올리게 해주는, 깨달음의 상징물을 어디에 놓을지 정할 때도 존경심을 가져야 할 것이다.

🐕

괴로움의 원인을 만들지 않는다

_ 공격과 살생을 멈추기 위한 실질적 단계들

적은 숫자이긴 하지만 고양이를 싫어하는 사람들이 있는데, 고양이 친구들이 종종 사냥꾼 본능을 숨기지 못하는 것이 그 한 가지 이유이다. 특히 호주에서는 고양이들이 토종 희귀동물들을 해치고 있어 큰 걱정이다. 그래서 어떤 사람들은 고양이에 대한 분노를 표출하기도 한다. 하지만 고양이를 반대하는 활동에 적극적인 사람들을 보면 몇천 년 전 우리 인간이 고양이를 두 팔 벌려 환영한 이유가 바로 그렇게 사냥을 잘하기 때문이었음을 모르고 있는 것 같다. 최근에 인간이 생각을 바꾸고 고양이는 더 이상 살생을 해서는 안 된다고 결정했다고 해서 고양이들이 자신의 본능까지 바꿀 것을 기대할 수는 없다. 고양이에게 사냥은 눈을 깜빡거리는 것만큼이나 당연한 본능이다. 고양이는 그렇게 진화해왔다.

때가 되면 고양이도 변할 것이다. 아직까지는 사냥에 좀 더 집요한 고양이도 있고 그렇지 않은 고양이도 있다. 당신의 고양이가 사냥에 열심이라면 필요한 모든 실질적인 조치를 취하자. 고양이 목에 방울을 다는 것이 가장 흔한 방법이다. 활보하기를 좋아하는 시기에 집 안에만 가둬두는 것은 너무 가혹한 조치이다. 우리 고양이를 사냥으로부터 정말 보호하고 싶다면 좀 더 타당한 합의점을 찾아야 한다.

연기론에서 보면 살생을 할 때 자기 수명이 단축되고 다음 생에 나쁜 환경을 갖게 되며 질병과 폭력을 비롯한 여러 역경을 겪게된다. 사냥으로 살생을 즐기는 경향을 계발하는 것은 사나운 소용돌이 추락을 영속시키는 행위이다. 그러므로 우리 반려동물이 무의식적으로라도 살생의 카르마를 만들지 않게 돕는 것은 매우 가치있는 일이다. 공격성을 막아주는 것도 마찬가지다.

사냥을 위해 배회하는 고양이만큼이나 물어뜯을 듯 공격적으로 짖어대는 개도 흔하다. 하지만 비단 개와 고양이만이 아니라 열대어를 키우고 있다고 해도 적대감을 부추기는 행동을 막는 데 최선을 다해야 한다. 그런 의미에서 열대어의 경우 어항에 너무 많은 물고기를 채워 넣는 것은 좋지 않다.

_ 큰 소리 논쟁은 삼가하고 텔레비전의 폭력적인 장면은 피한다

내 자애로운 스승 자셉 툴쿠 린포체도 반려동물을 위해 집에서 공격성을 드러내는 일을 삼가야 한다고 조언한다. 나는 "아이들 앞에서는 안 된다."라는 말을 많이 하는 영국 문화에서 나고 자랐다. 영국에서는 부부라면 아이들 앞에서 서로를 자극하며 싸우는 일을 하면 안 된다. 흠…… 그런데 이런 말을 들으면 불교에서는 "반려동물 앞에서도 안 된다."라고 할 것 같다. 반려동물들은 우리의 기분과 의도에 고도로 민감하기 때문에 폭력이나 싸움을 목격할 경우 스트레스를 받고 정신적 외상을 입을 수 있다.

반려동물이 있을 때에는 심지어 폭력적인 영화나 텔레비전 프로그램도 조심해야 한다. 청소년 관람 불가를 알리는 자막이 있지만 불교적 관점에서 보면 반려동물 관람 불가 자막도 있었으면 좋겠다. 시끄러운 폭발음, 사이렌 소리, 총소리, 비명소리는 영화의 클라이맥스를 살리는 데 곧잘 이용되고 우리는 그런 영화에 몇 시간이고 집중하며 즐길 수도 있다. 하지만 내용을 이해하지 못하고 큰 소리를 싫어하는 우리 반려동물에게는 그런 소리가 큰 스트레스가 될 수 있다.

반려동물을 채식주의자로 만들어야 하나?

고기를 먹는 것이 우리 개와 고양이에게 나쁜 카르마를 만들어 줄까?

일단 반려동물은 주어진 음식을 거절할 위치에 있지 않고 이점이 부정적인 카르마 발생 가능성을 많이 줄여준다. 더욱이 개와 고양이의 소화계는 동물성 단백질 소화에 용이하게 만들어졌다. 물론 개는 잡식성이지만 여전히 육식성인 늑대과에 속한다. 식습관을 갑자기 억지로 바꾸는 것은 모든 동물에게 정신적 육체적으로 심각한 결과를 부를 수 있다. 우리의 신념이 아무리 강하다고 해도 그것을 다른 존재에게 강요해서는 안 된다. 그럼에도 반려동물의 식습관을 전폭적으로 바꾸고 싶다면 먼저 전문가에게 조언을 구해야 한다.

티베트 불교에서 총카파는 이름을 가장 크게 떨친 라마승으로 탱화에서 노란 모자를 쓰고 자신의 두 제자 그얄 첩 예와 케 드룹 예와 함께 등장한다. 이 세 명은 지혜, 자비, 힘의 현현으로 긍정적인 변화를 위해서라면 세 가지 덕성 모두 필요함을 상징적으로 보여준다. 반려동물에게 채식을 시킬 경우 그럴 힘이 우리에게는 있고 그렇게 하는 데에는 자비심 때문이지만 이것이 과연 지혜로운 행위일까? 나는 반려동물의 식습관을 바꾸는 것보다 농장식 동물 사육을 줄이는 데 앞장서는 것이 우리 동물들을 위해 더 가치 있는 일이라고 생각한다.

불교의 신들과 만트라 암송

불교는 전통적으로 신을 모시지 않는다. '종교(religion)'의 어원이 신을 뜻하기 때문에 불교를 종교라고 하는 데도 논쟁의 여지가 있다. 불교는 신념에 기반한 종교가 아니라 실천에 기반한 심리학이라고 말하는 사람도 많다. 그럼에도 불구하고 불교에도 사원, 성상, 기도, 향 같은 종교적 치장들이 있다. 그리고 티베트 불교에는 신들도 있다. 이 점이 신들에 대한 부정적인 선입관을 갖고 있는 서양인들을 매우 혼란스럽게 만든다.

그렇다면 백지 상태에서 처음부터 다시 시작해보자.

티베트 불교의 최종 목적은 깨달음을 얻어 살아 있는 모든 존재가 깨닫도록 돕는 것이다. 깨달음은 개념적으로 설명할 수 없는 상태이다. 설명할 말이 없는 어떤 것을 어떻게 성취하도록 도울 수 있을까? 깨달음은 차원을 넘나드는 상태라 말로 설명할 수 없다. 그런 깨달음의 상태를 어떻게 다양한 사람들 모두에게 잘 알려줄 수 있을까? 세상에는 매우 똑똑한 사람이 있는가 하면 그렇지 못한 사람도 있고 지적인 사람이 있는가 하면 열정적인 사람도 있고 실용적인 사람이 있는가 하면 몽상가도 있고 뭐든 열심인 사람이 있는가 하면 여유롭게 삶을 즐기는 사람도 있지 않은가?

석가모니 붓다는 다르마(불법)를 설명하는 서로 다른 버전들을 갖고 있었고 사람들의 기질이나 능력에 따라 그중에 하나를 선별해 가르치는 데 천재적인 면모를 발휘했다. 불교 전통에 프리 사이즈 수행법은 없다. 각각 다른 사람들에게 각각 다르게 사용될 믿을 만한 도구(수행법)들이 불교에는 무수히 많다.

그 도구 중에 하나가 티베트 불교에서 나타나는 신들이다. 티베트 불교에도 여전히 석가모니 붓다가 그 중심이지만 그 외의 다른 붓다들, 보살들, 혹은 깨달은 존재들이 셀 수도 없이 많다. 이들 중 일부는 불상 혹은 불화로 모셔지며 각각 자비, 에너지, 정화, 치유, 힘, 지혜 등등의 성질들을 상징한다.

깨달음은 단면이 아주 많은 다이아몬드 같은 것이다. 이 각각의 신들이 그 한 단면들이다. 처음부터 다이아몬드 전체를 다 이해하기란 불가능에 가깝다. 하지만 특정 단면에 집중하는 것 정도는 할 수 있다. 그리고 한 신에게 가까이 다가가는 것으로 다이아몬드의 다른 모든 단면들과도 만날 수 있다.

그렇다면 어떻게 신에게 다가가나? 각 신에 해당하는 만트라를 암송하는 것(앞 장 만트라 부분 참조)이 그 한 방법이다. 만트라를 암송하면 그 신과 그 신이 대표하는 성질과 접촉할 수 있다.

이 신들은 정말로 존재하는가? 존재한다. 이 신들은 수없이 많은 방식으로 그 모습을 드러낸다. 깨닫고 나면 우리도 다른 모든 존재에게 이로운 존재로 나타나고 싶을 것이다. 우리 이전에 셀 수도 없이 많은 사람이 깨달았다. 이들의 의식은 분명 지금도 살아 있다. 이들이 저 밖에서 바라는 것은 오직 하나 우리를 돕는 것이다. 이들이 우리를 돕지 못하는 것은 단지 우리의 카르마 때문이다.

만트라 암송으로 신들로 향한 직선 도로가 열리고 그때 우리의 카르마가 바뀐다. 마치 우리가 만트라로 커다란 띠를 하나 만들면 신들이 갈고리로 그 띠를 잡아 우리를 그들의 영향권 안으로 끌고 가는 것 같다. 수행하면 할수록 이 신들은 꿈속 혹은 생시에서 다양한 방식으로 나타난다. 그럼 우리는 더 강한 신념으로 더욱 더 정진하게 되고 그럼 또 말로 설명할 수 없는 우리만의 깨달음들을 더 많이 경험하게 된다.

다음은 당신이 이용할 만한 만트라 세 개다.

1. 관자재보살 만트라[티베트 어로는 첸레직(Chenrezig)이라고 하고 산스크리트어로는 아바로키테슈바라(Avalokiteshvara)라고 한다. 달라이 라마가 이 붓다의 현현이라고 믿는 티베트인이 많다.]

   옴 마니 반메 훔(Om Mani Padme Hum)

2. 자비와 연민을 상징하는 여신인 타라 만트라

   옴 타라 투타레 투레 소하(Om Tara Tuttare Ture Soha)

3. 치유의 신, 약사여래 붓다 만트라

   타야타 옴 베카데제 베카데제 마하 베카드제 베카드제 라드자 사문가타 소하(Tayatha Om Bekadeze Bekadeze Maha Bekadze Bekadze Radza Samungate Soha)

이 신들 각각에 대한 정보는 만트라 발음을 비롯해 온라인에서 쉽게 찾아볼 수 있다. 철자와 발음, 심지어 만트라 그 자체까지 계보에 따라 조금씩 다를 수는 있지만 토마토라고 하든 토메이토라고 하든 그건 그다지 중요하지 않다. 중요한 것은 만트라를 암송하는 우리의 마음 자세이다. 그리고 한 번씩 반복할 때마다 해당 신과의 연결이 깊어지는 것이 중요하다.

8장.
상처 입은 반려동물의 치유

캐롤린 트레더웨이는 비장에 심각한 문제가 생겨 입원한 반려견 사바에게 병문안을 갔다. 사바는 매우 약하고 침울한 상태였다. 너무 밝은 불빛, 강력한 약품 냄새, 바쁘게 오가는 사람들의 움직임도 위압적으로 다가왔다. 캐롤린은 병원 구석 조용한 곳을 찾아 사바를 위해 명상했다. 캐롤린은 마음속으로 사바에게 쇠약한 몸은 물론이고 그 불빛, 냄새, 소리까지 이겨내라는 메시지를 계속 보냈다. 그렇게 한동안 명상을 하고 있는데 사바가 반려인 베리티 옆으로 와 엎드리더니 잠이 들었다. 사바는 그 어느 때보다 편안해 보였다.

반려동물을 사랑하는 사람이라면 반려동물이 아플 때가 가장 불안하고 슬프다. 보통 그런 일은 급작스럽게 일어나고 빠르게 나빠질 수 있다. 우리 반려동물은 한 주 전까지만 해도 멀쩡하다가 갑자기 먹지 않거나 움직이지 못하게 되곤 한다.

수의사가 심각한 병이나 불치병이라고 하지는 않을까 싶어 정말 무섭다. 모든 것이 무상하다는 냉정한 진실이 생생한 현실이 되고 치유가 조금이라도 가능하다면 뭐든지 다 할 것이다. 그리고 만약에 치유가 불가능하다면 마음은 아프지만 함께할 시간이 얼마 없음을 받아들이고 남은 시간 동안 반려동물이 가능한 한 편안하고 의미 있는 시간을 보낼 수 있도록 최선을 다할 것이다.

이 장에서는 병원에서 받는 치료에 덧붙여 우리가 추가로 해줄 수 있는 일들에 대해 알아보려 한다. 아무리 훌륭한 수의사라도 실수할 수 있음은 말 안 해도 잘 알 것이다. 요즘은 진단이 상세해지고 다양한 치유법이 있으므로 여러 방면으로 알아보는 것도 좋다. 대체요법도 적극적으로 시도해볼 만하다. 요즘은 동물들을 위한 침술, 약초치료를 비롯한 다양한 자연요법도 새로운 게 많고 좀 더 편리하게 이용할 수 있다.

불치병 진단을 받은 반려동물을 집으로 데리고 오고부터는 무력감이 우리를 가장 힘들게 한다. 몇 가지 분명히 도와줄 수 있는 것 외에 또 무엇을 해줄 수 있을까? 아픈 반려동물이 조금이라도 편해질 수 있는 일이라면 무엇이든 하고 싶다. 우리가 얼마나 사랑하고 있는지도 알려주고 싶다. 그런데 할 수 있는 일이 별로 없다. 우리에게 전적으로 의지하고 있는 존재에게 실망감만 주고 있는 것 같아 괴롭기까지 하다.

그런데 다행히도 우리가 할 수 있는 일이 있다. 우리는 반려동물의 마음에 직관적, 직접적으로 가 닿을 수 있다. 그리고 무엇보다 지금까지 우리가 해준 어떤 일보다 더 가치 있고 더 중요한 일을 해줄 수 있다.

불교는 아주 구체적이고 강력한 치유 기술들을 제공한다. 이 기술들을 연습할 때 반려동물에 대한 여러 가지 점들을 새롭게 깨달을 수 있고 질병에 대한 생각도 바뀔 수 있다. 우리 반려동물에 온전히 집중하며 보리심에 따라 이타적으로 행동함에도 불구하고 그 혜택을 보는 대상은 바로 우리 자신이다. 그때 무력감이 깊은 교감과 자비심으로 바뀐다. 물론 여기에서도 명상은 우리 사랑하는 친구들의 몸을 치료하는 데 강력한 힘을 발휘한다.

인간과 동물, 몸이 아프면 마음도 돌봐야 한다

영어에서 '명상(meditation)'과 '약 혹은 약물치료(medication)'는 그저 알파벳 하나 차이뿐이다. 둘 다 '치유하다'라는 뜻의 라틴어 medeor에서 나왔기 때문이다. 영어에서 치유를 뜻하는 heal이라는 단어도 '온전한'이라는 뜻의 whole과 보기에도 듣기에도 비슷하다. 이 둘도 어원과 의미가 같기 때문이다. 명상을 하든 약물치료를 하든 우리는 어쨌든 치유되기를 혹은 온전해지기를 바란다.

그렇다면 애초에 우리는 왜 편안한 상태(ease)에서 아픈 상태(dis-ease)로 빠져드나? 우리는 왜 그래야만 할까?

최근까지도 서양 의학의 초점은 질병의 방지보다는 치유에, 에너지 체계보다는 물질 체계에 있었고 이것은 동양적 접근방식과 대치된다. 유전적 요인 때문에 각자 걸리기 쉬운 질병이 따로 있다고도 믿어왔다. 하지만 인간 게놈 프로젝트로 우리가 사실은, 2만5천 개의 유전자를 갖고 있음이 밝혀졌다. 그동안은 12만 개 이상의 유전자를 갖고 있을 것으로 추측해왔다. 2만5천 개는 동물 대부분의 유전자 수보다도 적은 수이다. 심지어 성게나 대다수 식물의 유전자 수보다도 적다(식물은 유전자를 3만8천 개까지 갖고 있다). 세포 생물학자 브루스 립턴은 이렇게 말했다. "인간의 복잡한 삶과 그 질병들을 설명하기에는 우리의 유전자 수가 턱없이 부족하다."●1

우리는 그동안 하나의 유전자 혹은 작은 유전자 집단이 특정 상태들을 유발한다고 생각해왔지만 현실은 그보다 훨씬 복잡했다. 이때부터 후생유전학이라는 분야가 생겨났다. 후생유전학은 유전자들이 어떻게, 왜 켜지고 꺼지는지 그리고 더 중요하게는 우리의 라이프스타일이나 정신적 요소들이 육체적 건강에 어떤 영향을 미치는지를 연구한다.

이런 건강을 둘러싼 정신적 육체적 상호관계가 동물들이라고 해서 다를 리 없다.

심신운동에 적극적인 사람들은 마음이 균형을 잃을 때 병이 생긴다라고 한다. 우리 몸이 아픈 게 아니라 우리가 아픈 것이다. 좁은 혈관을 넓히고 종양을 제거하고 관절의 염증을 없애는 등 육체적 증세들을 없앤다고 해도 우리 의식 속에 있는 진짜 원인을 없애지 않으면 진정한 효과를 보기는 어려울 것이다.

운전을 하는데 계기판에 갑자기 원인을 알 수 없는 경고등이 켜진다면 자동차 정비소에 가서 왜 그런지 알아볼 것이다. 뭔가 고장 난 게 틀림없고 그대로 계속 운전하다가는 무슨 사고를 당할지도 모르니까 말이다.

그런데 정비사가 계기판을 뜯어내고 경고등을 없애버리고는 우리에게 고쳤다고 한다면 어떨까? 차에 대해 아무것도 모르는 사람이라도 그건 아니다라는 생각이 들 것이다. 경고등의 제거로 문제가 해결되는 것은 아니다. 그것은 단지 문제가 있음을 은폐할 뿐이다.

마찬가지로 병의 육체적 증상만 치료한다면 치료가 성공적일지라도 병이 나은 것은 아니다. 병의 경고등 배후의 원인을 살펴보지 않는 한 큰 사고를 당할 위험은 그대로 남는다.

이 경고등의 비유는 토르발트 데트레프센과 뤼디거 달케 의사가 공동 저술한 『치유의 힘(The Healing Power of Illness)』에서 나온 이야기이다. 『치유의 힘』에는 이런 말도 나온다. "질병은 사고가 아니므로 치유의 과정이 불쾌할 이유가 없다. 오히려 그 과정에서 온전함으로 진보해나갈 수 있다. 그 과정에 의식적으로 대처할수록 목표에 다다를 가능성도 커진다. 우리의 목적은 질병에 저항하는 것이 아니라 그것을 이용하는 것이다."[2]

그렇다면 의식의 치유만이 진정한 치유이다.

인간이든 동물이든 스트레스가 육체적 건강을 해침을 보여주는 증거는 이미 넘치고 넘친다. 여러 서로 다른 연구들에 따르면 외롭다고 느끼고 비관적인 사람일수록 면역체계가 약하고 고혈압이 많으며 심장병에 걸릴 확률이 높다고 한다.[3] 몸과 마음이 함께 건강할 때 비로소 온전해진다는 기본 원칙이 동물이라고 다를 리 없다. 부정적인 정신 상태가 우리 몸에 해로운 영향을 준다는 증거도 많고 반대로 명상이 육체적 치유를 촉진한다는 증거도 많다.

특히 지난 20년 동안의 많은 연구들이 건강을 반영하는 수많은 경우의 수에 명상이 상당한 영향을 줄 수 있음을 증명했다. 이 연구 결과들에 대해 자세히 알고 싶다면 『왜 알아차림이 초콜릿보다 좋은가?(한국어 가제, 데이비드 미치 저작, 원제는 Why Mindfulness Is Better Than Chocolate-옮긴이)』를 참조하기 바란다. 명상은 고혈압을 낮추고 스트레스를 줄이며 심장질환 치유를 돕는다. 또 면역체계를 강화하고 노화를 늦추며 만성통증 조절에 유용하며 염증 완화에 좋다. 그리고 암을 포함해 심각한 질병의 발병에 관여하는 유전자의 발현도 억제한다. 심리적으로는 꾸준히 명상하는 사람들이 감정 회복력이 좋고, 더 행복해지는 방식으로 뇌 신경회로가 재배치되기 때문에 우울감, 불안감, 외로움을 좀처럼 느끼지 않는다. 명상의 효능을 캡슐에 담을 수 있다면 분명 세상에서 제일 잘 팔리는 약이 될 것이다.

그렇다면 반려동물과 함께 명상할 때 치유가 촉진된다는 증거들도 많을까? 체계적인 증거는 지금도 많이 부족하지만 수많은 사람들, 특히 레이키(Reiki) 수행자들이 그런 치유의 촉진을 실제로 경험하고 있다.

레이키는 일본어에서 영혼 혹은 '기' 혹은 '영적 에너지'를 의미하는 '레이'에서 나왔다. 동물과 함께하는 레이키 수련은 결국 동물과 함께 하는 명상이다. 레이키라고 특정 방식으로 앉거나 손을 동물에게 올려놓거나 특별한 모양을 만들어야 하는 것도 아니다. 앞에서 설명했듯이 조용히 앉아 동물을 명상에 초대하기만 하면 된다.

프랜스 스틴과 브론웬 스틴은 오랫동안 일본에서 공부한 명망 높은 레이키 연구자이자 수련자이자 작가들이다. 이들은 호주 뉴사우스웨일스에 레이키 인터내셔널 하우스(International House of Reiki)를 설립했고 레이키 전통의 영성과 실천법들을 서양인들이 알기 쉽게 번역하는 작업을 꾸준히 해오고 있다(http://www.ikreiki. com 참조). 이들의 연구에는 물론 동물 치유를 위한 레이키도 포함된다.

캘리포니아를 중심으로 활동하는 캐슬린 프라사드도 스틴 부부와 함께 연구하는 레이키 선생이자 작가인데 캐슬린은 특히 동물들과 함께하는 레이키와 치유 능력에 집중하고 있다(www. animalreikisource.com 참조). 프라사드는 1998년 자신의 병을 치유하기 위해 레이키 수련을 시작했는데 그때 반려견 다코타가 눈에 띄게 자신에 대한 애착을 보이며 항상 그녀의 발끝에 앉아 있었다고 한다. 프라사드가 특별히 다코타를 염두에 두고 레이키를 수행한 것이 아님에도 다코타는 레이키가 보여주는 치유의 힘에 끌렸던 것이다. 프라사드는 "너무 섬세해서 나는 이해하지 못하는 언어에 다코타는 이미 유창한 것 같았어요."라고 했다.

호주에 사는 캐롤린 트레더웨이는 동물 레이키의 활발한 전도사로, 많은 수의사와 동물 보호 센터들이 그녀와 함께 일하고 싶어 한다. 트레더웨이는 명상이 반려동물과 그들 인간 친구들에게 얼마나 섬세하면서도 강력한 힘을 발휘하는지 사람들에게 알려주는 일을 한다(http://pausehq.com.au 참조).

레이키 수련자들이 경험한 수많은 동물과의 교감과 다른 배경의 다양한 명상가들의 관련 경험들을 모두 종합해 볼 때 동물과의 명상이 동물의 치유에 결정적으로 공헌함이 분명해 보인다.

명상은 어떻게 반려동물을 치유하는가?

_ 질병의 정확한 원인을 몰라도 자가 치유가 가능하다

반려동물의 문제가 정확히 무엇인지 모를 때 우리는 매우 불안

205

하고 심지어 그런 상황에 화가 나기도 한다. 요즘 수의학적 진단들이 정교해지고 있다고는 하나 여전히 원인을 알 수 없는 경우도 많다. 게다가 치료비가 너무 비싼 경우도 있어서 이러지도 저러지도 못하는 딜레마에 빠지고 사랑하는 존재를 제대로 치료하지 못하고 있다는 죄책감도 든다.

또 반려동물의 병에 대한 진단이 아무리 세분화되었다고 해도 그만큼 치료법까지 많아진 것은 아니라서 더 이상 방법이 없다는 의사의 말을 들을 때까지 거듭 병원을 찾아가 마취와 수술을 시키고 수술 후유증까지 겪게 하는 것도 못할 짓이다.

그런 반면 명상은 반려동물에게 자가 치유를 위한 최적의 환경과 최고의 기회를 제공하며 병원에서와는 완전히 다른 방식으로 치유를 돕는다.

캐롤린 트레더웨이의 웹사이트에 보면 코커스패니얼, 사바와 그의 반려인 베리티의 이야기가 나온다. 수의사가 사바의 비장에 심각한 문제가 생겼다며 수술을 해야 한다고 했을 때 사바의 경우는 좀 특이한 경우라 베리티는 심란한 마음을 감출 수 없었다. 비장은 혈소판을 저장하는 역할도 하는데 사바의 경우 혈소판이 파괴되고 있었기 때문에 혈소판이 상당량 증가하지 않는 이상 수술조차 너무 위험했던 것이다. 혈소판 생성 촉진제조차 전혀 듣지 않았다. 덕분에 사바는 병원에서 24시간 보호 관찰을 받아야 했다. 그것도 사바와 베리티에게는 큰 스트레스였다.

병문안을 간 캐롤린 트레더웨이는 사바가 매우 약하고 침울한 상태임을 즉시 알아챘다. 너무 밝은 불빛, 강력한 약품 냄새, 바쁘게 오가는 사람들의 움직임도 위압적으로 다가왔다. 캐롤린은 병원 구석 조용한 곳을 찾아 베리티와 함께 사바를 위해 명상했다(베리티에게는 간단한 호흡 명상을 가르쳐주었다). 그리고 캐롤린은 마음속으로 사바에게 쇠약한 몸은 물론이고 불빛, 냄새, 소리까지 이겨내라는 메시지를 계속 보냈다.

그렇게 한동안 명상을 하고 있는데 사바가 반려인 베리티 옆으로 와 엎드리더니 잠이 들었다. 베리티는 잠들어 있는 사바를 보고 최근 어느 때보다 편안해 보인다고 했다.

명상 후 캐롤린은 집으로 돌아갔고 사바도 다시 병원의 자기 자리로 돌아갔다. 나중에 베리티에게 듣기를 사바는 그때부터 14시간을 내리 잤다고 한다. 그리고 일어났을 때 수의사가 사바의 혈소판 수치를 쟀더니 정상이었다. 수의사는 몇 가지 더 검사를 해보더니 비장 수술도 필요 없겠다고 했다. 사바는 건강해져서 퇴원했다.

자가 치유에는 적절한 조건이 갖춰져야 하는데 명상이 그 최적화된 조건을 제공한다. 반려동물과 함께 명상할 경우 반려동물은 우리 마음으로 들어올 수 있는 능력이 있으므로 고요함이든 자비심이든 우리가 제공하는 것들을 그대로 받을 수 있다. 반려동물은 우리가 제공하는 그런 성질들과 공명할 줄 안다. 그리고 그때 어디가 아픈지 왜 아픈지에 상관없이 자가 치유 과정이 촉진된다.

_ 수술 후는 물론 전반적인 회복을 촉진한다

하버드 대학의 허버트 벤슨 박사는 우리 몸의 자가 치유 능력에 처음으로 관심을 가진 과학자이다. 벤슨 박사는 심장마비 환자들의 경우 명상을 할 때 그렇지 않은 환자들보다 더 빨리 회복하는 모습을 보고 처음으로 자가 치유를 촉진하는 명상의 힘을 믿게 되었다. 벤슨 박사는 명상이 야기하는 '이완 반응(relaxation response)'이 평정심과 행복감을 갖게 하고 나아가 자가 치유까지 촉진한다고 보았다. 우리 몸은 우리가 적절한 환경만 제공해준다면 고도로 효율적인 자가 치유를 해낸다.

반려동물도 마찬가지다. 최적화된 환경만 제공해준다면 스스로 재빨리 병을 치유할 수 있고 수술했을 경우 회복도 빨라진다. 그리고 명상이 그들의 빠른 회복에 이로운 환경을 만들어준다. 반려동물과 명상할 때 반려동물은 사랑, 신뢰, 행복감을 느끼는 긍정적인 정신 상태가 된다. 그런 정신 상태가 반려동물의 몸에서 스트레스를 줄이고 옥시토신 분비를 늘리며 세균과 싸우는 백혈구 수를 대폭 늘려 면역력을 강화한다. 수술 전 명상은 수술 효과를 높이고 수술 후 명상은 회복을 촉진한다.

이 모든 것을 캐슬린 프라사드는 이렇게 아름다운 말로 표현했다. "레이키는 우리가 연결되어 있음을 일깨워주고 서로에 대한 자비심을 키워줍니다. 그럼 변할 수 있고 치유될 수 있습니다."

─ 통증을 줄여준다

재발이 쉬운 병이나 만성병 환자들, 혹은 남은 치료법이 없는 환자들이 통증 관리법으로 명상을 점점 더 많이 받아들이고 있다.

집중력이 강화될 때 통증을 덜 느낀다는 말은 이상하게 들릴 수도 있는데 명상에는 통증을 덜 느끼게 하는 여러 요소들이 있다. 통증의 신호는 여전하지만 느끼는 폭이 줄어드는 것이다. 음소거를 하듯 통증 소거를 하는 것으로 명상 후에도 효과는 지속된다. 그리고 다행히도 명상 초보자들에게도 그렇다. 명상을 통해 통증을 조절하는 데 불교 대선사(Zen master)가 될 필요는 없다.

여러 일화들을 보면 동물들도 명상할 때 통증을 덜 느끼는 것 같다. 통증과의 분리 과정이 동물에게도 그대로 일어나는 것이다. 그리고 어쩌면 우리가 그렇듯 동물들도 안도감, 편안함, 행복감 같은 긍정적인 감정들도 느낄지 모른다.

여기서 우리는 좀 더 폭넓은 질문을 하나 던지게 된다. 우리 반려동물들이 느끼는 통증이 과연 우리가 느끼는 통증과 같을까? 인간과 유사한 신경 경로와 현상이 나타날 수는 있지만 앞에서 암시한 대로 우리가 통증을 어떻게 보느냐에 따라 통증이 강해지기도 하고 약해지기도 하니까 말이다.

인간은 뇌 활동으로 통증을 부풀리고 더 복잡하게 만들기도 한다. 예를 들어 이가 아플 경우 이런 생각이 든다. '의사가 주사를 놓을 거야. 나는 주사가 정말 싫어. 너무 아프니까! 게다가 신경치료까지 할 거야. 몇 주씩이나 끔찍한 시간을 보내야겠지! 비용도 어마

어마할 거야. 이걸로 휴가는 물 건너갔어! 경제적인 타격이 장난 아니야. 하필이면 제일 바쁜 이때 병원이나 들락거린다고 상사가(혹은 동료나 고객이) 속으로 엄청 싫어하겠지. 이걸로 승진도 물 건너갔어! 그나저나 마취가 안 풀려서 하루 종일 침을 질질 흘리며 다니는 거 아냐? 회계부 직원이 오늘 오후에 올 텐데 나를 뭐라고 생각하겠어?!' 등등

이런 부정적인 생각이 휘몰아칠 때는 지금 느끼는 존재론적인 위협이 과연 정말 치아의 통증 때문인지, 아니면 치아의 통증에 대한 생각 때문인지 모호해진다.

반려동물도 우리 같은 인식 과정을 거칠까? 아직까지 확신할 수는 없지만 관찰에 따르면 아니라고 보는 쪽이 더 타당할 듯하다. 동물들은 머릿속 수다가 우리와 비교하면 없다고 봐도 무방할 정도로 적으므로 그만큼 지금 이 순간을 알아차리는 능력도 인간에 비해 일반적으로 훨씬 뛰어나다. 따라서 부정적인 생각으로 육체적 통증을 더 키우지는 않을 듯하다. 오히려 그보다는 명상하는 우리의 영향을 훨씬 더 많이 받을 것 같다.

나는 우리 집 반려동물들이 알아차림이나 명상을 통증 관리 도구로 이용하고 있다는 느낌을 자주 받는다. 동물들은 머리가 아프다고 해서 인간처럼 약통을 뒤져 진통제를 찾아 먹을 수 없다. 갖고 있는 거라고는 마음뿐이다. 그렇다면 가능한 한 통증을 적게 느끼는 능력도 갖고 있지 않을까?

고양이들이 통증을 줄이고 치유를 촉진하기 위해 가르랑댄다

는 것은 이미 잘 알려진 사실이다. 의식적으로 그러는 건지 본능적으로 그러는 건지는 현재까지 명확하지 않다. 그런데 본능적/본래적인지는 모르겠지만 수의사들에 따르면 반려동물들은 반려인이 극도로 심한 고통이나 불편함을 겪고 있을 때 종종 대단히 참을성 있는 행동을 보인다고 한다. 이런 극기에 가까운 행동은 우리가 자비와 신뢰와 사랑을 보여줄 때도 나타난다. 반려동물들이 꼭 병원에서 진통제를 맞을 때만 편안해지는 것은 아니다.

_ 치료 부작용을 줄여준다

약물 치료가 부작용이 있다는 것은 누구나 다 아는 사실이다. 진통제 때문에 생기는 변비든 방사선 치료 때문에 생기는 메스꺼움, 입안 통증, 머리 빠짐, 피로 같은 부작용이든, 약물의 도움으로 건강을 회복하는 과정에서 우리 몸에 어떤 일이 일어나는지는 직접 경험하지는 않았더라도 누구나 한 번쯤 목격해봤을 것이다.

질병 회복 과정에 미치는 명상 효과에 대한 임상 연구도 최근 몇 년 동안 심심찮게 나왔다. 허버트 벤슨 박사 이래 이미 여러 번 관찰되었듯이 명상은 회복 과정을 촉진하고 강화할 뿐만 아니라 부작용의 해로운 영향을 상당히 심오한 방식으로 줄여준다.

많은 대조군 연구들에 따르면 명상은 방사선 치료를 받는 환자들의 피로, 메스꺼움 등을 비롯한 스트레스 징후들을 줄여주고 에너지와 면역기능을 강화하고 기분을 북돋운다고 한다.[4]

반려동물과 함께 명상할 때도 마찬가지다. 동물들과 같이 명상할 때 동물병원에서 잘 치료받고 건강하게 집으로 돌아올 가능성이 더 커진다.

고도로 예민한 동물들의 경우 반응이 더 빨리 올 수 있다. 이들은 성격이 예민해서 평소에도 쉽게 신경질을 내고 어쩔 줄 몰라 하고 흥분할 수 있는데 수의사를 만나야 하면 더 불안해하고 힘들어한다. 하지만 이런 동물의 경우 명상 시 더 빠른 시간 내에 안정을 찾고 자가 치유 혹은 일반적인 치료 효과를 극대화하는 상태로 들어가곤 한다.

레이키 전문가 프라사드는 말했다. "레이키 명상과 알아차림을 통해 제대로 듣는 법을 배우고 사랑하는 존재와 자비심으로 함께한다면 삶의 힘든 문제들을 좀 더 쉽고 아름답게 그리고 겸허하게 해결해나갈 수 있다. 그리고 동시에 사랑하는 존재와 치유의 순간도 함께하게 될 것이다."

_ 심리적 치유를 돕는다

몸뿐만 아니라 마음까지 건강해져야 비로소 온전해졌다고 할 수 있다. 캐롤린 트레더웨이가 호주 퍼스 센톤 파크 외곽에 있는 캣 해븐(Cat Haven)에서 있었던 이야기를 들려주었다. 캣 해븐은 캐롤린이 정기적으로 고양이들과 함께 명상하는 곳이기도 하다. 다양한 이유로 그곳에 오게 되는 고양이들은 한동안 그곳에서 지내다가 새 가족을 만나 떠난다.

캐롤린은 그곳에서 고양이 한 마리와 따로 명상해달라는 요청도 받곤 하는데 어느 날은 굉장히 공격적인 핀레이라는 고양이와 함께 명상을 하게 되었다. 캣 해븐은 소셜미디어를 매우 효과적으로 이용하는 등, 고양이들에게 가족을 찾아주는 데 상당히 적극적인 단체이다. 하지만 핀레이의 경우 페이스북에 아무리 귀여운 사진을 올려놓아도 녀석이 자신을 찾아오는 사람들에게 늘 잡아먹을 듯이 덤비기만 해서 큰 문제였다. 이 '털 친구의 영구 가족(furrever home)'을 찾아주기가 결코 만만치가 않았다.

캣 해븐에는 고양이들이 공동으로 머무는 집과 야외 공간, 화장실 공간이 있고 그 외에도 고양이들이 혼자 있고 싶어 할 때 갈 수 있는 개인적 공간도 따로 마련되어 있었다. 핀레이는 개인 공간에 있었다. 캐롤린이 핀레이가 있는 방의 문을 살며시 열어봤는데 핀레이는 그 즉시 등을 둥그렇게 말고 털을 한껏 곤추세운 채 이빨을 드러냈다고 한다.

캐롤린은 문을 닫고 방 밖에서 명상할 곳을 찾았다. 핀레이 반응의 강도로 볼 때 큰 기대는 하기 힘들었지만 그래도 해보기로 했다.

캐롤린은 명상이 깊어지면 핀레이와 연결될 수도 있을 것 같다고 생각했다. 그리고 정확하게 바로 그런 일이 일어났다. 핀레이 방의 문 바깥쪽에 앉아 캐롤린은 계속 명상하며 몸과 마음을 점점 더 평화로운 상태로 만들었다.

그렇게 약 15분쯤 흐르자 갑자기 하나의 이미지가 떠올랐다.

천에 감긴 채 올가미 같은 것에 빠져 앞뒤로 계속 흔들리고 있는 고양이의 모습이었다. 캐롤린은 그것이 핀레이에게 끔찍한 트라우마를 준 사건이었다고 확신했다. 그 잔인함에 캐롤린도 충격을 받았다. 하지만 그것을 받아들이고 난 뒤 떠나보냈다. 그리고 계속 평화로운 상태를 유지하며 15분 정도 더 명상했다. 명상 후 핀레이 방 문을 다시 열어보고 싶기도 했지만 캐롤린은 직감적으로 그냥 조용히 가는 게 더 낫겠다고 판단했다.

그 다음 주 캣 해븐을 다시 찾았을 때 그녀에게 핀레이와 함께 명상을 해달라고 했던 직원이 핀레이가 새로 태어난 것 같다고 말했다. 그 명상 이후로 핀레이는 매우 상냥한 고양이가 되었고 늘 가르랑대는 등 기분이 아주 좋은 것 같다고 했다. 게다가 새 가족까지 만난다고 하니 그보다 더 기쁠 수는 없었다.

캐롤린은 이렇게 말했다. "핀레이는 그 나쁜 경험을 떠나보낼 준비가 되어 있었어요. 때로는 우리가 연민을 갖고 함께해주기만 해도 동물들은 아픈 과거를 잊고 다시 잘 살아가는 것 같아요. 동물들도 과거의 경험에 영향을 많이 받고 우리 인간처럼 그런 과거를 떠나보낼 준비가 되어 있지 못한 경우도 있어요. 하지만 핀레이는 준비가 되어 있었고 그래서 깊은 곳에 숨겨져 있던 진정한 자신과 다시 만날 수 있었어요. 동물들은 아무래도 인간보다는 더 수월하게 떠나보내기를 하는 것 같아요. 바로 이 점이 동물들이 우리에게 가르쳐주려고 하는 것이 아닐까 가끔 생각해요."

핀레이에게도 앞에서 말했던 심리적 혹은 에너지적 전환이 일어났던 것이다. 마침내 온전하게 된다는 것은 몸만이 아니라 마음의 문제이기도 하다. 그리고 반려동물과 함께 명상할 때 우리는 그들에게 트라우마를 떠나보낼 수 있는 특별한 공간과 상태를 제공한다. 이것은 우리가 반려동물에게 해줄 수 있는 가장 특별한 봉사이다.

_ 치유가 불가능할 때 도움이 된다

선택지가 없는 순간 혹은 선택해봐야 더 이상 오래 살 수도, 잘 살 수도 없는 순간이 언젠가는 오게 마련이다. 그런 순간이 분명히 보일 때도 있고 며칠 혹은 몇 달을 두고 조금씩 분명해질 때도 있다. 그러면 반려동물의 인생에 개입해 고통을 연장시키기보다 자연스럽게 죽게 하는 것이 더 현명하고 자비로운 선택임을 깨닫게 된다.

반려동물이 앓고 있는 병의 정신적 원인을 제거하고 육체적으로 완전히 회복하기를 바라며 열심히 치료에 임했음에도 결과가 그렇다면 우리는 결국 실패한 걸까? 치유명상이 효과가 없는 걸까? 혹은 효과를 내기에는 우리의 집중력이 너무 부족했던 걸까?······ 이런 의문들이 생기는 것도 당연하다. 그리고 생각해볼 가치도 충분한 의문들이다.

어쩌면 반려동물의 카르마가 너무 강해서 그 카르마를 거스르면서까지 죽음의 과정을 바꿀 힘이 우리에게는 없었는지도 모른다.

이 지구상에 의식적 존재로 태어난 이상 우리는 모두 죽음에 이르게 하는 카르마를 갖고 살아간다. 당신의 반려동물이 지금 바로 그 카르마를 다하고 있는 중인지도 모른다. 우리도 때가 되면 아무리 훌륭한 수행자라고 해도 어떻게든 죽을 것이다.

하지만 그렇다고 명상이 무용지물이 되는 것은 아니다. 반려동물과 함께 명상하려고 앉을 때마다 우리는 우리뿐만 아니라 반려동물 마음의 흐름 속에도 미래를 위한 긍정적인 씨앗을 심는다. 그리고 질병이나 고통을 부를 부정적인 요소들을 정화하고 그 특정 질병의 발병을 야기하는 원인들을 줄이거나 완전히 제거한다.

반려동물이 자신의 질병을 거부하는 것이 아니라 더 온전해지기 위한 수단으로 이용하도록 돕는 것이 우리의 목적이라면 질병을 더 깊은 명상을 위한 도구로 사용하는 것이 가장 좋은 방법이다. 이 생에서 즉각적인 결과를 얻는 데 집중하는 것이 아니라 좀 더 넓은 시각으로 볼 때, 마지막 날들을 보내는 반려동물에게 명상보다 더 큰 선물은 없다. 육체의 회복이 불가능할 때조차 사랑과 자비의 마음으로 최후의 전환에 접근할 기회를 갖게 해준다는 것은 우리가 반려동물에게 줄 수 있는 세상에서 가장 특별하고 소중한 선물이다. 받는 존재의 입장에서는 그보다 더한 영광은 없다. 미래에 깨닫게 하는 직접적인 원인을 제공받는 것이니까 말이다.

나와 반려동물을 함께 치유하는 명상법

반려동물이 병에서 회복하도록 돕기 위해 특별히 다른 명상을 배울 필요는 없다. 애니멀 레이키 수행자들이 증명하듯이 열린 마음으로 함께해주는것만으로도 충분히 치유의 조건들을 만들어나갈수 있다.

그리고 명상이 처음이라도 명상의 효과를 절대 과소평가해서는 안 된다. 처음에는 시공간을 넘나드는 생각들 때문에 좀처럼 집중하기 어렵고 과연 이 일이 무슨 효과가 있을까 자문할 것이다. 하지만 명상이 우리 몸과 마음에 깊은 영향을 준다는 것은 이미 과학적으로 증명된 객관적인 사실이다. 반려동물과 함께 명상할 때 그런 상태의 변화가 반려동물에게도 그대로 일어난다.

티베트 불교에서는 치유의 용도로 특별하게 개발된 명상들이 많다. 모두 우리 자신은 물론 타인들까지 함께 치유하는 명상들이다. 그중에 여기서는 두 가지 명상법을 소개할 테니 한 번 시도해보기 바란다. 그중에 한 가지가 특히 더 좋거나 당신의 반려동물에게 더 도움이 된다고 느끼면 그 명상만 해도 된다. 이 책에서 소개된 명상법들이 다 마음에 든다면 번갈아가면서 해도 된다. 명상법은 헬스클럽의 운동기구와 비슷하다. 골고루 이용하다 보면 더 많은 효과를 볼 수 있다. 하지만 명상을 하는 도중에 다른 명상법으로 옮겨가지는 않는다. 한 번의 명상이 끝날 때까지는 한 가지 명상에만 집중해 그 명상에 최대한 익숙해져야 더 깊은 집중 상태로 들어갈 수 있다.

_ 주고받기 명상

주고받기 명상인 통렌(Tong Len)은 티베트 불교에서 가장 기본이 되는 명상으로 고통은 내보내고 행복은 취하는 시각화 명상이다. 버전이 아주 많은 명상이기도 한데 여기서는 아주 간단하지만 강력한 버전을 소개하겠다.

○ 가장 좋은 명상 자세를 취한다. 앞에서 말했듯이 등은 꼭 펴고 앉는다.

○ 숨을 몇 번 깊이 들이쉬고 내쉰다. 이때 모든 생각, 느낌, 경험을 내보낸다. 가능한 한 순수한 의식이 되어 지금 여기에 머문다.

○ 다음 동기문으로 명상을 시작한다.

이 명상으로 (반려동물의 이름)와/과 세상의 모든 살아 있는 존재들이 그 즉시 모든 질병, 고통, 아픔, 괴로움에서 완전히 그리고 영원히 벗어나길.
이 명상으로 우리 모두 깨닫기를,
모든 살아 있는 존재를 위하여 기도합니다.

들숨에 집중하면서 밝게 빛나는 하얀 빛을 들이마신다고 상상한다. 이 빛은 치유, 정화, 균형, 축복의 에너지를 뜻한다. 이 빛이 모든 세포에 스며들며 당신 몸을 가득 채운다고 상상한다. 빛의 그런 성질에 집중하며 몇 분 정도 호흡을 계속한다.

이번에는 날숨에 집중하면서 연기처럼 어두운 빛을 내쉰다고 상상한다. 이 어둠은 통증, 질병, 질병의 잠재성, 몸과 마음과 말로 경험하는 모든 나쁜 것들을 대표한다. 숨을 내쉴 때마다 그 모든 나쁜 것들이 점점 더 많이 나간다고 상상한다. 빛의 그런 성질들에 집중하며 몇 분 정도 호흡을 계속한다.

이번에는 둘을 함께 진행한다. 질병과 다른 모든 나쁜 것들은 내쉼과 동시에 밝게 빛나는 좋은 점들은 들이쉰다.

이런 통렌 명상에 익숙해지면 이제 반려동물을 대신해 그 좋고 나쁜 성질들을 들이쉬고 내쉰다고 상상한다. 들이쉬는 것들은 모두 반려동물에게로 보내고 내쉬는 것들은 모두 반려동물에서 나온다고 상상한다. 치유 에너지는 들어가고 모든 괴로움은 나가는, 반려동물을 위한 통로가 되어주는 것이다.

명상을 할 때는 반려동물이 정화와 치유를 통해 병을 극복하고 다시 행복해지기만을 바란다. 그리고 다음 표의 요소들에 차례대로 집중하면 명상이 좀 더 체계적으로 진행될 수 있다. 한 요소당 호흡은 서너 번 정도 투자한다.

들숨	날숨
치유 에너지를 들이쉰다.	**모든 육체적 정신적 병을 제거한다.**
완전한 정화/정제/치유, 찬란한 행복-에너지 그리고 생명력, 평화 균형 정신적 안정, 사랑과 자비	모든 육체적 질병/통증/괴로움, 모든 정신적 문제/고충/불안, 혐오 갈망 모든 망상

시작할 때처럼 동기문을 외우며 끝낸다.

이 명상으로 (반려동물의 이름)과/와 세상의 모든 살아 있는 존재
들이 그 즉시 모든 질병, 고통, 아픔, 괴로움에서 완전히 그리고
영원히 벗어나길.
이 명상으로 우리 모두 깨닫기를.
모든 살아 있는 존재를 위하여 기도합니다.

_ **약사여래 명상**

약사여래를 잘 모른다면 내 블로그 Medicine Buddha 카테고
리에 들어가 이미지를 한번 보라(www.davidmichie.com). 그리고 약사
여래 만트라 발음 및 다른 여러 정보들로 링크해 들어가보자. 이 명
상을 하기 전에 약사여래의 모습과 만트라를 잘 보고 익혀두기 바
란다.

○ 편한 명상 자세를 취한다. 등은 펴고 앉는 것을 잊지 않는다.

○ 심호흡을 몇 번 하며 모든 생각, 느낌, 경험을 내보낸다. 가능한
한 순수의식 상태가 되어 지금 여기에 머문다.

○ 다음 동기문으로 명상을 시작한다.

이 명상으로 (반려동물의 이름)과/와 세상의 모든 살아 있는 존재
들이 그 즉시 모든 질병, 고통, 아픔, 괴로움에서 완전히 그리고

영원히 벗어나길.

이 명상으로 우리 모두 깨닫기를,

모든 살아 있는 존재를 위하여 기도합니다.

약사여래가 몇 미터 떨어져 있는 곳 이마 높이에서 당신과 마주 보고 앉아 있다고 상상한다. 시각화가 잘 안 되어도 걱정하지 않는다. 짙은 청색의 둥그런 빛 정도로도 충분한다. 그것도 어렵다면 그냥 그가 거기 있다고 상상만 하자. 다만 거기 있다고 강하게 믿을수록 좋다. 눈을 뜨면 곧장 그의 눈과 만나게 된다고 생각해보자.

약사여래의 모습에서 눈에 띄는 점들을 기억해보자. 약사여래의 광채와 청금석 같은 푸른 몸이 바로 치유의 에너지이다. 오른손의 약초와 무릎 위의 정화수도 치유 능력을 반영한다.

이제 눈에 보이는 것을 넘어서 그의 존재를 느껴본다. 달라이 라마 옆에 가본 적이 있다면 그 느낌을 다시 느껴본다. 때로 약사여래는 세상 모든 아름다움이 하나로 녹아든 존재로 묘사된다. 그런 약사여래붓다가 당신과 당신 반려동물을 지긋이 바라본다고 상상하자. 단 하나뿐인 자식을 바라보는 어머니의 사랑보다 더 큰 사랑이 느껴진다. 약사여래는 믿을 수 없이 강력하고 자비로 넘치며 우리가 부르면 반드시 우리 앞에 나타난다. 그가 바라는 것은 오직 하나, 우리를 돕는 것뿐이다.

약사여래 만트라를 암송한다.

타야타 옴 베카데제 베카데제 마하 베카드제 베카드제 라드자 사문가타 소하(Tayatha Om Bekadeze Bekadeze Maha Bekadze Bekadze Radza Samungate Soha)

보통 만트라는 혼자만 들을 수 있게 속삭이는 게 좋지만 이 만트라를 반려동물을 위해 암송할 때는 반려동물이 들을 수 있을 정도로 목소리를 조금 키우길 바란다.

만트라를 계속 반복한다.

만트라 암송이 자연스러워지면 약사여래의 심장으로부터 치유의 푸른빛과 정화수가 터져 나오는 모습을 상상한다. 이 빛은 이제 당신 정수리를 통과한 후 당신 몸 안 구석구석으로 퍼져 나가고 이어 반려동물의 몸 안 구석구석으로도 퍼져 나간다. 이제 세상에서 가장 강력한 치유 에너지가 당신과 당신 반려동물의 몸을 가득 채운다. 그 모습을 보며 만트라를 계속 암송한다.

만트라를 암송할 때는 만트라를 한 번 혹은 서너 번 외울 때마다 만트라가 불러일으킬 다음과 같은 결과들을 시각화하면 더욱 좋다.

모든 고통과 괴로움의 제거
모든 육체적 질병의 치유
모든 정신적 고민과 곤경의 철폐
질병을 부르는 모든 씨앗의 정화

에너지와 튼튼한 건강 수여

행복과 사랑과 자비의 넘침

대부분의 명상이 그렇듯 더 개인적이고 더 직접적일수록 좋다. 그러므로 당신의 토끼가 신장이 아프다는 걸 알고 있다면 최소한 몇 분 정도는 신장의 치유에 정신을 집중한다. 신장이 어디에 있고 어떤 역할을 하는지 속속들이 다 알 필요는 없다. 특별히 바라는 것을 의도적으로 생각한다는 점이 중요하다. 이 장 처음에 설명했듯이 치유에는 늘 전체적으로 접근하는 것이 좋다. 몸으로 나타나는 증세들은 늘 우리 의식 속에 그 원인이 있기 때문이다.

명상을 하다 보면 시각화에 집중하고 만트라 암송을 잠시 쉬고 싶은 때도 있을 것이다. 그 반대도 마찬가지다. 하지만 약사여래가 바로 앞에 있다는 상상, 치유의 푸른빛과 정화수에 대한 시각화, 그리고 만트라 암송, 이 세 가지를 가능한 한 함께 더 자주 하기 바란다.

명상을 끝낼 때는 시작할 때처럼 동기문을 외우며 끝낸다.

이 명상으로 (반려동물의 이름)과/와 세상의 모든 살아 있는 존재들이 그 즉시 모든 질병, 고통, 아픔, 괴로움에서 완전히 그리고 영원히 벗어나길.

이 명상으로 우리 모두 깨닫기를,

모든 살아 있는 존재를 위하여 기도합니다.

약사여래붓다 명상이 잘된다 싶으면 염주를 구해 명상할 때 목표를 세우는 데 써도 좋다. 1, 3, 5, 7번…… 중에 하나를 정해놓고 그 수만큼 염주를 돌리면서 만트라를 암송하자. 염주 구슬은 보통 108개이지만 100개로 친다. 틀린 발음도 있을 수 있고 집중을 못할 때도 있으니까 말이다.

좋은 에너지가 반려동물에게로 흘러들어가다

치유명상을 처음 시작할 때 확신 없이 그냥 한번 해본다 생각할 수 있다. 하지만 부적당한 일을 한다고 느끼거나 무력한 기분으로 시작하는 것은 좋지 않다. 이 세상에는 눈에 보이는 것보다 훨씬 더 많은 일이 벌어지고 있다. 물질세상은 보이는 것만큼 그렇게 단단하지 않고 우리는 생각보다 훨씬 더 착각 속에서 살아가고 있다. 물질은 에너지이기도 하고 우리의 생각, 말, 행동들도 모두 에너지이다. 제대로 된 방법을 알아 약사여래붓다 같은 보이지는 않지만 믿을 수 없이 강력한 존재들을 불러올 수 있다면 우리는 더 이상 혼자가 아니다. 가늠도 할 수 없이 위대하고 자비로운 의도와 치유의 에너지가 우리를 통해 반려동물에게로 흘러들어갈 것이다.

공명 그리고 명상의 힘

공명(resonance) 현상은 아주 흥미로운 이론인데 명상-만트라 수련을 하는 사람들에게는 더 그렇다. 공명 현상은 이 땅에서 살아가는 존재들의 기억과 습관들이 어떻게 자연 속에 아로새겨지는지를 보여준다.

과거에 언젠가 한 번이라도 일어난 행위인 경우 미래에 다른 존재들이 다시 시도할 경우 좀 더 쉽게 할 수 있고 그 결과도 더 좋다는 사실이 밝혀졌다. 예를 들어 로스앤젤레스의 실험실에 있던 쥐가 어떤 새로운 요령을 하나 배웠다면 일반적으로 지구 반대편에 있는 실험실의 쥐의 경우 그 같은 요령을 훨씬 빨리 배운다. 예를 들어 윈드서핑에서 새로운 기술을 연습하는 사람이 많을수록 기술을 배우러 오는 다른 사람들도 그것을 더 쉽게 배운다.

세월이 흐르면서 표준 IQ 테스트에서 사람들이 점점 더 높은 점수를 받게 된다는 플린 효과(Flynn Effect)도 좋은 예이다. 100이었던 평균 IQ는 지난 몇 년 동안 꾸준히 올라가고 있다. 그렇다고 사람들이 더 똑똑해졌다는 근거는 없다. 단순히 특정 테스트를 더 잘 치르게 된 것이다. 정기적으로 테스트 방식이 개정되는데 그럼 점수가 다시 100으로 떨어진다.

공명 현상 이론에 따르면 이전에 누군가 했던 일을 할 때 우리는 상호 영향을 주는 조직 혹은 양상 혹은 그 어떤 장(field)에 의해 똑같은 일을 했던 사람들에게 접속된다. 그들과 함께 공명하는 것이다. 전기장, 자기장, 방사선장 같은 다른 장들처럼 이 장도 눈에 보이지는 않는다. 하지만 효과는 눈으로 볼 수 있다. 그리고 이 장은 시공간을 넘나든다.

그렇다면 우리가 수백만의 사람이 수천 년에 걸쳐 반복 암송했던 만트라를 암송한다면 어떤 일이 벌어질까? 그들 모두와 공명하게 된다.

그들의 집단 영향력이 우리를 이롭게 할 것이고 우리 또한 만트라를 암송하는 것으로 영향력 강화에 공헌할 것이다.

우리는 혼자 혹은 반려동물과 단둘이 앉아 만트라를 암송할 뿐이다. 하지만 깊숙이 들여다보면 그것은 같은 전통을 살았던 다른 모든 사람들이 만들어놓은 어떤 영향력 안으로 수세기를 아우르며 조율해 들어가는 것이다. 다시 말해 어떤 거대한 공동체 혹은 에너지장으로 조율해 들어가는 것이다.

9장.
반려동물의 마지막 여행:
죽음 그리고 그 후

다음은 게일 포프의 말이다. "나는 1990년부터 6백 마리도 넘는 동물들의 죽음을 지켜보았어요. 이들은 사랑과 삶의 순환에 대해 말로 다 할 수 없이 많은 것들을 가르쳐주었지요……. 반려동물이 삶이라는 이 아름다운 여정의 마지막을 향해 가는 동안 끝까지 품위와 소신을 잃지 않고 사랑으로 옆에 있어줄 수 있다면 인생에서 우리가 받을 수 있는 최고의 선물을 받게 될 것입니다."

서양 사람들은 대부분 죽음은 물론이고 죽음에 대한 생각조차 가능하면 피하려고 한다. 서양 문화는 죽음에 대해 생각하도록 부추기지 않는다. 여전히 지배적인 신념이라 할 수 있는(논의의 여지는 있지만) 물질주의 관점에서 보면 뇌와 의식은 동의어이므로 그중에 하나가 죽으면 나머지 하나도 자동으로 죽는다. 죽음에 대한 사색은 삶이 얼마나 소중한지 깨닫게 한다는 점에서 좋을 뿐이다. 그 외에 죽음 과정 혹은 죽음의 메커니즘에 천착해서 좋을 것은 없다고 생각한다.

서양 문화에서 물질주의만큼이나 영향력이 컸던 기독교의 관점에서 보면 죽음은 천국으로 올라가거나 지옥으로 떨어지거나 연옥 상태에 머무르게 하는 하나의 사건일 뿐이다. 결과는 이미 정해져 있으니 죽음 과정이야 어떻게 되든 상관없다(로마 가톨릭의 경우 영혼이 죽음의 다리를 잘 건널 수 있도록 기름을 붓고 성찬을 준비해주기를 권하고 있기는 하다).

반려동물의 영혼이 죽음 후에 겪게 될 운명에 관해서라면 더구나 혼란스럽기 그지없고 이런저런 추측들만 무성하다. 심령술사들이라면 반려동물이 죽을 경우 무지개다리를 건넜다며 그곳에서 우리가 오기를 기다리고 있다며 위로해줄 것이다. 물질주의자라면 심령술사의 말을 하나의 감상으로 치부해버릴 것이다. 한편 반려동물의 죽음에 대한 기독교의 관점은 놀라울 정도로 다양한데, 이유는 대체로 '영혼' 개념에 대한 해석이 명쾌하지 않기 때문이다. 영혼이란 무엇인가? 생명력인가? 영혼은 불멸한가? 모든 생물이 영혼을 갖고 있는가? 아니면 인간만 갖고 있는가?

죽음으로 소중한 사람과 물건들을 모두 잃게 된다는 것만으로도 어둡기 그지없는데 이렇게 여러 주장들이 혼재하고 있고 거기다 죽음에 대한 일반적인 거부반응까지 겹쳐 있다. 그러니 차라리 죽음을 마음속에서 지워버린다. 그리고 눈앞에 주어진 일에 집중하는 것이다. 그러다 죽음이 그 추한 머리를 들어 올리면 의사나 수의사 같은 전문가에게 맡기거나 사회가 도와야 할 문제로 돌려 또 역시 다른 전문가에게 맡겨버리고 재빨리 빠져나간다.

불교는 이와 완전히 다른 관점으로 죽음에 접근한다. 불교는 지난 2천5백 년 동안 수많은 분파를 낳았지만 죽음에 대한 관점만큼은 일관적이었다. 불교에서 죽음은 가르침과 토론의 중요한 주제이고 명상에도 좋은 주제이다.

불교에 따르면 죽음은 끝이 아니라 흥분되는 대대적 전환이다. 이 전환의 시기 우리 마음의 상태가 그 직후에 일어날 일을 결정짓는 중요한 역할을 한다. 그리고 다음 생에서 우리가 겪을 현실의 전체적인 틀을 만들기도 한다.

이런 관점은 우리 반려동물이 죽어가는 시기도 중요하다고 말하는 것이므로 반려동물을 사랑하는 우리에게는 의미가 크다. 우리는 이제 더 이상 무력하지 않다. 우리는 반려동물을 위해 결정적이며 중요한 역할을 할 수 있다. 그리고 놀랍게도 반려동물이 죽고 난 후에도 7주 동안이나 그들의 궁극적인 행복에 좋은 행동들을 계속해나갈 수 있다.

어떻게 그런지 보려면 먼저 우리 의식의 본성과 경험이 일어나는 원리를 이해해야 한다. 그 다음 죽음 전후에 반려동물을 위한 가능한 한 최고의 결과를 끌어내기 위해 우리가 할 수 있는 일들을 구체적으로 살펴보려 한다.

죽음 이후에 남아 있는 의식

불교는 마음을 소유하고 있다는 점에서 인간과 동물을 같다고 본다. 마음은 3장에서 설명했듯이 청정함(clarity)과 인식(cognition)이 형태 없이 계속 이어지는 하나의 연속체이다.

서양인이라면 죽음 후로 넘어가는 것이 정확하게 무엇인지에 대해 이미 형성된 선입관을 버리기가 참 쉽지 않다. 영혼의 문제라면 우리는 아이러니하게도 기독교와 물질주의 둘 다에 철저하게 길들여져 있기 때문에 불교가 말하는 다음 생으로 넘어가는 것이 살면서 우리가 만들어온 기억, 좋고 싫음, 에고 등등으로 구성된 우리의 인격 그 자체라고 생각한다.

하지만 이것은 불교적 관점이 아니다.

명상을 처음 시작한 사람도 조금만 지나면 서로 다른 수준의 많은 의식이 있음을 알게 된다. 이른바 '나'라고 하는 구체적인 독립체를 뜻하는 인격의 측면들, 그 기억들이 결국 한낱 생각일 뿐임을 알게 된다. 어떤 개념도 왔다가 갈 뿐 머무르지 않는다. 자아는 없고 자아의 개념만 있을 뿐이다. 그리고 개념은 모두 끊임없이 변화한다. 세상과 우리 자신에 대한 생각을 재정의하다 보면 육식주의자가 채식주의자가 되고 좌익 학생이 보수 정치인이 되고 완고한 자본주의자가 따뜻한 박애주의자가 되기도 한다.

이런 생각들은 하늘을 통과하는 구름 같은 것들이다. 기분에 따라, 옆에 있는 사람에 따라, 혹은 그 외에 다른 수많은 이유에 따라 끊임없이 생겨났다가 사라지는 이야기이고 수다 같은 것이다. 연습을 통해 이 계속되지만 대개 불필요하기 마련인 코멘트들을 보고 받아들이고 떠나보내는 법을 배울 수 있다. 그리고 지속되는 것, 즉 그 생각들이 통과하는 하늘에 집중하는 것이다.

이 하늘이 바로 마음이고, 마음은 청정함과 인식이 형태 없이 계속 이어지는 연속체이다. 불교가 이 생에서 다음 생으로 이어진다고 하는 것이 바로 이 미세한 의식, 마음이다. 불교를 '중도(The Middle Way)'의 철학이라고 하는 이유가 바로 여기에 있다. 영원주의(eternalism)와 허무주의(nihilism)가 있다면 불교는 그 사이에 또 하나의 선택지를 제공한다.

죽음 후에도 남는 것이 바로 이 미세한 의식이기 때문에 모든 존재는 인간이었다가 개나 고양이가 될 수도 있고 그 반대도 될 수 있다. 윤회하는 것은 인간의 복잡한 인식 능력, 지성, 기억의 창고 같은 여러 정신적 기능들이 아니기 때문이다. 인간이든 동물이든 한 생이 끝나고 육체가 그 기능을 정지한 후에도 남는 것은 청정함과 인식이 형태 없이 이어지는 연속체인 의식뿐이다. 그리고 바로 이 의식이 우리가 살면서 만들어가는 조건화 혹은 카르마의 영향을 받는다.

현실이 생겨나는 법

현실은 우리와 무관하게 '저 밖에서' 일어나는 것이고 우리는 다만 그것을 관찰하고 그것과 교류하는 것이라고 흔히들 생각한다. 하지만 이것은 신경과학에서조차 지난 세기에 폐기된 모델이다.

예를 들어 우리 인지시각체계를 보자. 시각 이미지를 처리하는 우리 뇌의 신경섬유 약 80퍼센트가 기억 등을 관장하는 대뇌피질에 해당하고 20퍼센트가 망막에 해당한다고 한다. 영국이 자랑하는 신경심리학자 그레고리 교수는 이렇게 말한다. "우리는 외부 세상과 우리 자신에 대한 자체 증명 기능이 있는 가설들을 머릿속에 넣고 다닌다. 인식에 관련하는 뇌 기반의 가설들이 곧 우리의 당면현실(immediate reality)이 된다. 하지만 이 가설들은 복잡한 인식 조작과 여러 단계의 심리적 암시들을 수반한다." 그러므로 우리의 경험이 객관적일 수는 없다.

신경과학자들은 우리의 인식이 90퍼센트까지 기억에 의존함을 보여주었다. 그리고 그레고리 교수는 "뇌 속 가설들이 투사된 대로 물리적 세상을 인식한다는 사실은(그리고 그렇게 외부 세상에 우리만의 색깔과 소리와 의미를 부여한다는 사실은) 놀랍기 그지없으며 대단한 의미를 지닌다."라고 했다.[1]

신경과학만이 아니라 양자과학도 우리가 경험하는 현실이 주관적임을 밝혀냈다. 오스트리아 물리학자 에르빈 슈뢰딩거는 "인간이 보는 세상은 그만의 마음으로 이루어진 구성물이며 그 외에 다른 것이 있음은 증명할 수 없다."라고 했다.[2]

슈뢰딩거가 이 말을 하기 약 2천5백 년 전 이미 붓다가 그 같은 말을 심지어 더 간략하게 말한 바 있다. 붓다는 "세상은 마음에서 나온다."라고 했다. 나는 붓다의 버전이 더 좋은데 붓다는 그 마음이 사람의 마음이라고 꼭 집어 말하지 않았기 때문이다!

우리가 세상을 이해하는 방식이 사실은 우리 스스로 만든 것이라는 점은 깊이 숙고해볼 가치가 있다. 우리의 세상이 우리 마음에서 일어나는 것이라면 우리 마음을 바꾸는 것으로 세상을 바꿀 수 있다. 우리가 관심을 갖고 믿고 에너지를 집중하는 것이 우리 현실이 된다. 그 현실이 다른 존재들의 현실은 아닐 것이다. 같은 거리를 걷고 심지어 같은 침대에서 잔다고 해도 그때 마주친 빌딩들, 소음들, 꽃들, 그리고 밤은 다 서로에게 미세하게 혹은 극적으로 다르게 보이고 들리고 느껴질 것이다.

우리가 경험하는 현실은 우리가 만들어온 원인들에 큰 영향을 받는다. 그러므로 7장에서 살펴본 대로 반려동물을 더 나은 미래로 안내하는 데 있어서 우리의 목적이 그들로 하여금 바로 지금 가능한 한 가장 긍정적인 현실을 경험하게 하는 것이라면 우리는 보리심을 항시 기억하고 순수한 마음으로 큰 사랑과 자비를 실천하는 것이 좋다. 그리고 우리보다 더 깨달은 존재와 공명하게 하는 만트라를 외우는 습관을 들이는 것이 좋다. 이 습관은 본능적이고 자동적이고 견고할수록 더 좋다.

이것은 사는 동안에도 중요하지만 죽음의 과정에 들어설 때 더 중요하다. 이제 먼저 티베트 불교가 말하는 죽음 과정에 대해 알아보고 그 다음 이 과정에서 반려동물이 평화롭고 긍정적인 전환을 이룰 수 있도록 돕는 실질적인 방법들을 알아보자.

죽음의 단계

살면서 경험하는 것이 개인마다 다르듯 경험하는 죽음도 다 다르다. 육체가 소멸하는 과정이라는 게 있기는 하지만 인간이든, 개든, 양이든 우리는 그 과정을 각자 다르게 경험한다.

티베트 불교는 인간이 죽으면 육체가 소멸하는 네 단계를 거치고 그 다음 정신이 소멸하는 네 단계를 거치고 그 다음 비로소 투명한 빛으로 존재하는, 가장 미세한 경험을 하게 된다고 말한다. 티베트 불교도라면 누구나 이 과정을 명상을 통해 정기적으로 미리 체험한다. 이것은 티베트 불교가 제시하는 죽음 과정이 믿을 만하다는 뜻이다. 그리고 죽음 과정이 개인적이라는 뜻이기도 하다.

육체적 소멸의 단계에서는 아직 의식이 있을 수 있기 때문에 죽어가는 자가 자신의 주관적인 경험을 말하는 경우도 드물지 않다. 예를 들어 그 첫 단계에서는 수신 상태가 나쁜 텔레비전처럼 모든 것이 흐릿해질 수 있다. 아니면 뜨거운 여름날 국도를 운전할 때처럼 신기루가 보일 수도 있다. 그와 함께 아주 깊이 가라앉거나 아래로 당겨지는 것 같은 느낌이 같이 와서 밑에 무언가를 받쳐달라고 부탁하는 경우도 있다. 또 뭔가 무거운 것에 짓눌리는 것 같을 수도 있다. 두 번째 단계에서는 연기가 자욱한 방에 있는 것 같고 그 속의 모든 것이 말라가기라도 하듯 극도의 목마름을 느낄 수 있다. 숨이 막힐 수도 있고 연기 때문에 어쩔 줄 몰라 하거나 물을 달라고 할 수도 있다. 임종 간호사들에 따르면 죽어가는 사람이 어딘가 불이 난 것 같다는 말을 자주 한다고 한다. 세 번째 단계에서는 불꽃이나 반딧불이 같은 것이 무더기로 나타나기도 한다. 그러다가 네 번째 단계로 가게 되면 불꽃이 하나만 깜빡거리는데 그럼 육체적 죽음이 거의 완수된 것이다.

지뢰 폭발을 당한 내 친구는 폭발 직후 헬리콥터로 이송되었는데 그때 구조원들은 그가 죽을지도 모른다고 생각했다고 한다. 친구는 들것에 누워 헬리콥터로 이송되는 동안 세찬 바람 속에 있는 꺼질 듯 말 듯한 촛불을 보았다고 했다. 촛불이 꺼지면 자신도 죽을 것을 알았기에 촛불에 필사적으로 매달렸다고 한다.

우리 반려동물도 정확하게 똑같은 과정을 겪는지는 알 수 없다. 우리가 아는 것은 네 단계가 끝나고 육체적 소멸이 끝날 때는 인간이든, 고양이든, 개든 모두 서양 의료적 관점에서 죽은 것으로 정의된다는 것뿐이다. 심장이 더 이상 뛰지 않고 뇌도 더 이상 움직이지 않는다. 이제 의학적으로 사체가 된 것이다.

하지만 불교적 관점에서 보면 육체적 소멸이 끝나도 정신적 소멸의 네 단계가 남아 있다. 청정함과 인식의 형태 없는 연속체가 아직 우리 몸속에 남아 점점 더 미세해지는 의식을 경험하는 것이다. 의식이 계속 미세해지다가 투명한 빛 단계까지 도달하는 데에는 몇 분이 걸릴 수도 있고 그보다 훨씬 더 긴 시간이 걸릴 수도 있다.

밖에서 보면 아무 일도 일어나지 않는 것처럼 보인다. 그 사람 혹은 그 반려동물은 죽었다. 그렇게 몇 분이 지난다. 이제 다 끝난 것처럼 보인다.

하지만 이 생을 떠난 존재의 입장에서 보면 정신적 소멸이 더 중요하다. 이 시기에 일어나는 생각, 느낌, 감각들은 그 순간의 현실 경험을 만들어낼 뿐만 아니라 다시 태어나기를 바라는 마음이 함께할 때 우리를 바르도(bardo, 中有, 중간 존재) 형태로 몰아 넣는다. 그리고 그 형태에서 완전히 새로운 삶으로 넘어간다.

인간으로 살았든 동물로 살았든 피와 살이 있는 존재로 살다가 가장 미세한 정신 상태가 되면 개인적 존재의 소멸을 느낄 수 있다. '나'는 어디에 있고 '나'에게 무슨 일이 일어난 건가? '살고 싶다!' 같은 생각이 든다. 이런 자아에 대한 집착을 비롯한 여러 다른 생각들이 우리를 바르도 상태로 몰아넣는다. 금방 끝난 생과 앞으로 올 생

사이의 존재 상태 말이다.

그래서 동물이든 사람이든 사랑하는 존재들이 가능한 한 평화롭게 죽을 수 있게 해주고 주검에 손을 대기 전에 전환의 시기를 충분히 잘 건널 시간을 주는 것이 매우 중요하다. 이들의 미세한 마음은 우리가 생각하는 것보다 훨씬 오래 머물다 간다.

바르도를 통과해 재생으로, 다시 태어나기

바르도 상태는 꿈을 꾸는 상태와 비슷하다. 꿈을 꿀 때 우리는 육체적인 움직임 없이도 깨어 있을 때처럼 보고 듣고 만지는 등 모든 일을 한다. 감정이나 느낌들이 쉽게 증폭된다. 사실 꿈을 꾸면서 경험하는 것이 깨었을 때보다 훨씬 더 생생하고 극적일 때도 많다. 그리고 꿈속에서 우리가 경험하는 것들은 긍정적이든 부정적이든 모두 우리 마음이 투사된 것이다.

바르도 상태에서 우리는 인간으로든 동물로든 다음에 태어날 존재의 미세한 형태를 취한다. 그런 다음 끊임없이 다시 태어날 기회를 찾는다. 이 시기에 확실한 것은 아무것도 없다. 미래의 부모와 우리를 연결해줄 카르마가 강할 수도 있지만 그 같은 부모를 원하는 다른 존재들도 있을 수 있으므로 일이 쉽지만은 않다.

바르도 상태에서는 어떤 장소를 생각만 하면 자각몽에서처럼 그곳에 있게 된다. 이전에 살았던 집을 생각하면 그곳에 갈 수 있다. 불교 문화권에서는 사람이 죽으면 7주 동안 예를 들어 저녁 밥상에 고인의 수저를 놓아두는 등 고인이 살아생전 쓰던 물건들을 그대로 쓰며 고인이 살아 있는 듯 행동하기도 한다. 그래야 고인이 바르도가 되어 이 세상을 바라볼 때 이미 잊혀졌다는 느낌을 받지 않고 외롭지 않다. 그러니 우리도 생전에 반려동물이 좋아했던 먹이 그릇 몇 개는 계속 꺼내놓자.

바르도의 마음은 그들이 살아생전 가깝게 지냈던 존재들의 영향을 쉽게 받는다. 그러니 매사에 자비로운 행동을 하자. 죽은 이의 이름으로 어디든 기부를 하거나 봉사를 한다면 바르도 상태가 된 죽은 이의 마음(그리고 그의 미래)에 좋은 영향을 줄 수 있다. 이것은 반려동물을 사랑하는 우리에게도 중요한 점이다.

바르도로서의 시간은 몇 분에서 7주까지 다양하다. 금방 다시 태어날 곳을 찾을 수도 있고 그렇지 못할 수도 있다. 매주 죽은 날이 돌아오면 바르도의 미세한 형태는 또 한 번 더 작은 죽음과 재생을 경험하며 더 미세한 형태로 거듭난다. 이때 동물에서 인간으로, 혹은 인간에서 동물로 바뀌어 태어나게 하는 변화가 일어난다. 그러므로 매우 중요한 단계들이다. 살아생전 업을 어떻게 짓고 어떻게 완수했느냐에 따라, 그리고 이 중요한 시기에 무슨 일이 일어나느냐에 따라 앞으로 수십 년이 될 세월 동안 우리가 전반적으로 경험하게 될 현실이 달라질 수 있다. 살아 있을 때와 마찬가지로 바르도 상태에서도 우리 마음속에서 일어나는 일, 우리가 경험하는 다른 존재로부터 오는 영향력, 우리에게 주어진 가능성, 이 세 가지의 조합이 매우 중요해서 이때부터 모든 것이 이 조합에 달려 있다고 해도 과언이 아니다.

죽음 후 늦어도 49일이 될 때까지는 모든 바르도가 다시 태어날 기회를 얻게 된다. 수정란 속으로 들어가는 순간 또 다른 인생을 위한 틀이 만들어진다.

나의 슬픔보다 반려동물을 먼저 생각한다

지금까지 간단하게나마 죽음 과정을 살펴보았는데 그렇다면 죽어가는 반려동물을 보살펴야 하는 우리 입장에서 이 과정이 시사하는 바는 뭘까?

무엇보다도 우리가 겪어내야 하는 일과 반려동물이 겪어내야 하는 일이 완전히 다르다는 점을 말하고 있다. 당연한 말처럼 들리지만 우리의 생각과 느낌을 반려동물의 그것들과 혼동하는 경우가 많은데 이것은 매우 위험할 수 있다.

반려동물이 죽어가고 있다는 말을 들으면 친절한 수의사가 아무리 완곡하게 말하더라도 충격으로 다가올 수밖에 없다. 사랑하는 친구를 잃는다는 사실에, 혹은 고통이 심할까봐 걱정되는 마음에 화가 날 수도 있다.

하지만 반려동물이 정말로 의식을 갖고 있고 그 마음이 이 생의 경험에서 다음 생의 경험으로 옮겨갈 것임을 받아들인다면 우리 반려동물의 생각과 감정이 가장 우선시되어야 한다고 깨닫게 될 것이다. 우리는 더 살아가겠지만 그들은 이제 곧 죽을 것이다. 긍정적인 영향을 줄 시간이 얼마 남아 있지 않다. 그들의 미래를 좌지우지할 그 영향력 말이다. 이 시기에 전전긍긍하거나 울기만 한다면 우리 반려동물에게 해롭기만 할 것이다. 자신이 곧 죽을 것을 어느 정도 알든 모르든 우리가 가능한 한 침착하게 사랑으로 보살피는 것이 반려동물에게는 가장 좋다. 우리 감정이 아니라 어떻게 하면 반려동물이 좀 더 평화롭게 마지막을 보낼 수 있을까에 집중해야 한다.

캘리포니아 샌타로자에 위치한 브라이트해븐(BrightHaven)은 나이 들고 병든 수백 마리의 반려동물들에게 집을 제공해주는 애니멀 호스피스 단체이자 동물들을 위한 피난처이자 보호처이며 교육 센터이다. 브라이트해븐을 창립한 게일과 리처드 포프 부부는 지난 몇 년 동안 책, 워크숍, 온라인 프로그램 등을 통해 사람들에게 전환의 시기에 있는 반려동물을 가장 잘 보살피는 방법들을 가르쳐왔다.

이들이 발행한 소책자, 『날아라 나의 나비여: 동물 죽음 경험(한국어 가제, 원제는 Soar, My Butterfly: The Animal Dying Experience-옮긴이)』을 읽어보면 반려동물이 죽기 몇 달 전부터 몇 시간 전까지의 행동적, 심리적 변화들과 죽음 과정에 대한 이야기들을 엿볼 수 있다. 가치를 따질 수 없이 귀중한 책이니 참고하기 바란다.

예를 들어 죽음 석 달이나 한 달 전부터는 전에 없이 움츠러드는 모습을 보이며 혼자 있고 싶어 하고 평소보다 잠을 많이 자거나 반려인에 대한 강한 애착을 보일 수 있다. 죽음 몇 주 전부터는 길을 못 찾아 여기저기 부딪히기도 하고 흥분할 수도 있다.

죽음이 가까워올수록 통증 관리가 제일 중요하다. 반려동물들은 어떻게 아픈지 말로 정확하게 표현하지 못하므로 면밀한 관찰이 필요하고 우리 직관이 하는 말에 주의를 기울여야 한다. 예를 들어 반려동물이 이상한 자세를 취하고 있거나 특별한 이유 없이 우리를 피하는 등 평소답지 않은 행동을 보이기 시작하면 즉시 수의사를 찾아가야 한다. 그리고 물론 병원에서 고통 완화 처치를 해주겠지만 그 외의 다양한 대체요법들도 가능한 한 숙지해두는 것이 좋다.

통증 관리가 가능해지고 편안한 분위기가 조성되었다면 이제 명상하고 만트라를 암송하며 사랑과 애정을 보내는 일보다 더 좋은 일은 없다. 반려동물이 명상과 만트라에 익숙해지며 정신적 안정을 얻을 때 믿을 수 없이 강력하고 긍정적인 효과가 일어난다. 이미 그런 일상을 만들어주었다면 행복한 미래를 위한 습관과 규칙은 물론 그 외에도 헤아릴 수 없이 많은 이로운 선물들을 해준 것이다.

브라이트해븐의 게일 포프는 애도의 과정을 '뒤집을' 필요가 있다고 말한다. 반려동물 친구들이 죽은 다음이 아니라 죽기 전 죽음이 불가피함을 받아들였을 때 함께했던 시간들을 생각하고 추억해야 한다는 것이다. 바로 이때가 우리가 얼마나 사랑하는지, 앞으로 얼마나 그리워할 것인지 말해주고 추억을 얘기하고 웃고 울 때인 것이다. 사랑하는 동물 친구가 마지막 나날을 잘 보낼 수 있도록 보살피면서도 동시에 앞으로 영원히 기억될 교감을 해나가는 것이다.

다음은 게일의 말이다.

우리는 동물들이 인생의 수많은 교훈들을 가르쳐주기 위해 우리에게 왔다고 생각해요. 특히 그들이 마지막 날들을 보낼 때 아! 이런 교훈을 주려고 했구나 하고 많이 깨닫게 되죠. 죽음에 담긴 그 모든 지혜들을 음미할 때 삶에 대해 너무도 많은 것을 배워요. 그 마지막 순간들에 작은 기적들이 일어나고 그 기적들로 우리 인생이 영원히 바뀌고 말죠. 며칠 동안 꼼짝도 안 하던 아이가 앞발을 올려 뺨을 만져주기도 하고 조금씩 사라져가고 있는 줄만 알았던 아이가 손을 핥아주기도 하죠. 삶에서 진정으로 중요한 것이 무엇인지 말해주는, 죽을 때까지 잊지 못할 통렬하고 신성한 장면들입니다.

안락사에 대해

대전환의 시기가 다가오면 안락사 문제가 떠오를 것이다. 그리스어로 '좋은 죽음'을 뜻하는 안락사(euthanasia)는 이미 죽음이 확실한 사람에게 불필요한 고통을 없애주는 것이 원래 목적이다.

동물 안락사는 이미 주류로서의 확고한 자리를 획득했으므로 이제 더 이상 드문 일이 아니다. 요즘은 사람들이 수의사와 잠들게 해줘야 '하는지 아닌지를' 의논하기보다 '언제' 잠들게 해줘야 하는지를 의논하는 것 같다.

하지만 이것은 불교가 권하는 방식이 아니다.

내가 이 책을 써보자 했을 때 가장 처음 든 생각이 '안락사 문제를 다뤄야 할 텐데 안락사에 대한 불교적 관점을 꺼리는 사람들이 있을 거다.'였다. 나 또한 살아오면서 몇몇 반려동물을 안락사시킨 적이 있기 때문에 마음속이 뭔지 모르게 불편했다.

그렇다면 먼저 누구나 동의할 문제부터 하나씩 짚어보자. 원치 않는 동물을 제거하는 용도로서의 안락사는 절대 안 된다. 늙어도 대체로 아주 건강한 반려동물들이 가정이 깨지거나 반려인이 더 이상 돌볼 마음이 없고 심지어 다른 가정을 찾아줄 마음도 없는 경우 안락사를 당하곤 한다.

그런데 반려동물이 괴로워하고 있다는 걸 알고 의사도 죽어가고 있으니 잠들게 해주는 게 최선이라고 단언했다면 문제는 조금 더 복잡해진다.

나의 친구 헤이즐도 정확하게 그런 상황에 있었다. 그녀의 반려견이 많이 아파서 3일 동안 물 한 방울 마시지 못했다. 수의사로부터 자신의 반려견이 죽어가고 있다는 끔찍한 말을 듣고 집으로 돌아온 그날, 헤이즐은 사랑하는 반려견 옆에 누워 바닥에서 자기로 했다. 그리고 마음속으로 '네가 원하는 것이 뭐든 내가 도와줄게. 내가 듣고 있으니 제발 말을 해줘.'라는 메시지를 보냈다.

한밤중에 헤이즐은 개가 뒤척이는 걸 느끼고 깼는데 개가 일어나서 물그릇이 있는 곳까지 가더니 아주 오랫동안 물을 마셨다고 한다. 그 전에 어떤 상태였는지를 생각해볼 때 그것은 대단한 사건이었다. 헤이즐은 지금은 떠나고 싶지 않다는 뜻임을 확신했다. 다음 날 헤이즐은 대체 치료를 하는 자연요법 전문가를 찾아갔다. 그후 헤이즐의 반려견은 곧 치료에 반응을 보이기 시작하더니 금방 건강해졌다. 이 일이 있은 지 지금 일 년 조금 더 지났는데 헤이즐의 반려견은 지금도 건강하고 즐겁게 잘 살고 있다.

내 책의 독자들도 비슷한 이야기를 많이 보내주곤 한다. 이들도 자신의 반려동물이 '아직은 준비가 되지 않았다.'고 느꼈다고 했다. 수의사와 마지막 과정을 의논해야 한다는 생각이 들었을 때조차 말이다. 직관의 그 고요하고 나지막한 목소리에 귀를 기울였기 때문에 돌이킬 수 없는 과정을 밟을 수도 있었던 반려동물들이 몇 달, 심지어 몇 년이나 되는 더할 수 없이 소중한 시간들을 더 누릴 수 있게 된 것이다.

우리는 정말 늘 죽음을 확신할 수 있을까? 수의사가 그렇다고 해도 말이다. 수의사들은 분명 지식이 우리보다 뛰어날 테고 경험 많고 현명하고 자애로운 분들도 많다. 하지만 이들마저도 초능력이 있는 것은 아니다. 자동차 경주에서처럼 아무도 예상하지 못한 사람이 이기는 경우도 있다. 안락사는 더 질 좋은 시간을 가질 기회를 빼앗아버리는 것이고 자연의 흐름을 막아버리는 것이다.

어렵지만 이런 질문도 해봐야 한다. '이것은 반려동물을 위한 것인가 아니면 나를 위한 것인가? 반려동물이 통증을 느끼지 않는다면 반려동물의 고통을 덜어주기 위해서가 아니라 사랑하는 존재가 죽어가는 모습을 보면 내가 괴로울 것 같아서가 아닌가? 나는 반려동물을 보호하려는 건가? 나를 보호하려는 건가?'

애니멀 호스피스는 '죽음에 이른 동물과 그 가족에게 필요한 것을 제공해주고 적극적 혹은 수동적 수단들을 통해 시간이 다할 때까지 가능한 충만한 삶을 살게 해주고 어느 정도 죽음에 준비가 될 수 있도록 돕는 활동'이다.•³ 애니멀 호스피스 수련자들은 자연스런 죽음 과정이 바람직하며 안락사는 통증 관리가 안 될 경우, 옆에서 돌봐줄 사람이 없을 경우, 편안한 분위기가 조성되지 못할 경우, 경제적인 문제가 있을 경우에만 조심스럽게 고려되어야 한다고 주장한다. 예를 들어 브라이트해븐에서는 지난 185건의 죽음이 자연스런 과정을 거쳤다. 다음은 게일 포프의 말이다. "나는 1990년부터 6백 마리도 넘는 동물들의 죽음을 지켜보았어요. 이들은 사랑과 삶의 순환에 대해 말로 다 할 수 없이 많은 것들을 가르쳐주었지요……. 반려동물이 삶이라는 이 아름다운 여정의 마지막을 향해가는 동안 끝까지 품위와 소신을 잃지 않고 사랑으로 옆에 있어줄 수 있다면 인생에서 우리가 받을 수 있는 최고의 선물을 받게 될 것입니다."

게일은 동물들이 떠날 때마다 동물들에게 일어날 일 혹은 일어날지도 모르는 일에 대해 우리의 생각을 투사하지 말아야 함을 매번 깨닫게 된다고 말한다. 우리는 동물들의 죽음을 예측할 수 없다. 종종 죽음이 아주 가까이 왔을 때에도 동물들은 하루나 일주일, 몇 달 심지어 그 이상까지도 멀쩡하게 살아가기도 한다.

그런 의미에서 우리는 매 순간을 있는 그대로 받아들일 수밖에 없다. 그리고 최대한 고통 완화 치료를 해주고 순간에 머물며 순간을 위해 살고 우리 반려동물에게 가장 좋은 것을 위해 명상할 수밖에 없다. 그것이 평화로운 죽음이든 회복하고 다시 살아가는 것이든.

불교 스승들이 안락사에 반대하는 이유는 카르마적 문제 때문이기도 하다. 앞에서 말한 죽음 과정을 받아들인다면 이 생에서 다음 생으로의 전환에는 변수가 많다는 것이 보일 것이다. 이 시기에 일어나는 마음 상태와 카르마의 발현이 중요한 변수들이다. 이 변수들에 어떻게 대처하느냐가 중요한데 자연스런 죽음 과정을 밟으며 죽음에 잘 준비되어 있을 경우 변수들에 더 잘 대처할 수 있다.

동물들은 다른 존재에게 다가온 죽음을 감지하고 극적으로 다른 행동을 보이기도 한다. 내 독자들은 죽어가는 사람에게 다가가 자비와 애정을 보이는 평소 같지 않은 행동을 한 동물들의 이야기를 많이 보내주었다. 예를 들어 어떤 작은 개는 반려인이 자는 이층의 침실에 절대 올라가는 법이 없었다. 왜냐하면 계단 사이사이가 뚫려 있어서 무서웠기 때문이었다. 그런데 그 개가 어느 날 계단 사이로 떨어질 것을 감수하고 처음이자 마지막으로 이층으로 올라갔다. 반려인과 밤을 함께 보내기 위해서였는데 그날이 반려인의 마지막 날이었다고 한다.

개와 고양이들은 죽어가는 사람 주위로 둥그렇게 원을 만들고 앉아서 몇 시간, 며칠, 심지어 몇 주까지 죽어가는 사람을 지켜주기도 한다. '아남 카라(Anam Cara)'는 켈트어로 '영혼의 동반자'라는 뜻인데 게일 포프는 이 말이 죽음 산파(death midwife)에게 적당한 이름이라고 생각하고 사용한다. 삶의 끝과 전환의 시기를 함께 해주는 죽음 산파들은 일반 산파들이 출산을 돕듯이 죽음을 돕는다. 때로는 죽음이 일어난 후 동물 한 마리가 그 자리를 계속 지키는 가운데 나머지 동물들이 하나씩 다가와서 인사를 하고 가기도 한다. 야생 동물도 마찬가지다. '엘리펀트 위스퍼러(elephants whisperer: 코끼리 교감자-옮긴이)' 로렌스 앤서니에 대한 유명한 유튜브 영상을 보면 그가 남아프리카에서 죽었을 때 코끼리들이 마지막 경의를 표하기 위해 몇 킬로미터씩 걸어서 오는 모습을 볼 수 있다. 이쯤 되면 반려동물들이 인간에게서는 오래전에 떠나버린 차원에서의 죽음 과정을 이해하고 있음이 분명해 보인다. 그런 죽음 과정을 돌연 끝내버리는 것은 동물 입장에서는 당황스런 일이 될 것이다.

얼마나 중요한 일이 일어나고 있는지 미처 알기도 전에 너무 빨리 죽는 것이 우리 반려동물의 카르마에 과연 좋겠는가? 의식할 새도 없이 일어나는 돌연한 육체적, 정신적 소멸에 어떻게 잘 대처할 수 있겠는가? 안락사를 시킬 경우 반려동물들은 그 중요한 시기를 잘 보낼 수 없다.

고통과 관련한 또 다른 문제도 있다. 고통을 경험하는 것이 반려동물의 카르마라면 통증 관리 등을 통해 우리가 도와줄 수 있다. 하지만 안락사로 그 경험을 중단시켜버린다면? 우리 사랑하는 친구들은 그 고통을 나중에 진통제 없이 고스란히 경험해야 할지도 모른다. 이것은 우리가 상상도 하기 싫은 일이다. 하지만 바르도 상태 혹은 그 너머의 상태에 있는 우리 마음은 과연 고통을 어떤 식으로 경험할까? 그곳에서는 고통이 더 증폭될지도 모른다.

라마들은 안락사의 결정이 카르마적으로 대단한 역효과를 부를 수 있다고 경고한다. 의도가 아무리 좋아도 카르마적 역풍은 우리가 감히 예측할 수 없는 것이다. 그러므로 자연적인 죽음 과정을 거치며 대전환을 이루도록 돕는 것이 훨씬 바람직하다.

안락사에 대한 불교의 관점이 그러하므로 나는 라마들이 안락사 과정을 논의하는 모습을 본 적이 한 번도 없다. 하지만 내 개인적인 경험에 비추어보면 안락사라도 다 같은 안락사는 아니다. 사실 같은 안락사라도 그 선택지는 무한하다. 흥분한 상태에서 동물병원의 눈부신 형광등 아래 테이블에 눕혀져 앞발 털이 다 깎이고 그 자리에 주사위가 꽂힌 채 긴장한 사람들의 시선을 온몸으로 받아내야 하는 고양이가 있는가 하면 안정제를 맞고 집에서 가장 좋아하는 자리에 누워 사랑하는 가족들에 둘러싸여 때를 기다리는 고양이도 있는 것이다.

시간적인 문제와 경제적인 문제 때문에 수의사들은 병원에서 대부분 안락사를 시키고 있다. 그런 상황이라면 차분한 진행은 기대하기 어렵다. 사랑과 의미를 가득 담은 마지막 인사도 할 수 없다. 함께 살며 깊은 사랑을 나눴던 존재의 마지막 순간으로 보기에 이 것은 너무 차갑고 메마르고 혼란스럽고 부적절하다. 우리 반려동물 도 절대 그런 마지막을 원하지는 않을 것이다.

집에서 안락사를 진행하는 수의사도 있다. 정확하게 안락사만 진행하는 왕진 의사들인데 아프지 않게 주사를 놓아 반려동물을 진 정시킨 다음 방을 나가준다. 평소처럼 가족끼리만 있는 편안한 환 경에서 마지막 인사를 하라는 뜻이다. 마지막 인사와 더불어 낮은 목소리로 만트라를 외우고 진심 어린 사랑과 감사의 마음을 전달하 면 더 좋겠다. 그리고 모두가 준비된 것 같으면 천천히 안락사의 마 지막 단계를 진행한다.

죽음 전후로 어떻게 해야 할까?

죽음의 순간에 어떻게 대처하는 게 우리 반려동물에게 가장 좋을 까?

통증은 없게 하고 편안한 분위기를 만들어준다 : 반려동물이 영적으로 필요로 하는 것들에 집중하는 것이 가장 중요하다. 이 전 환의 중심은 그들이 되어야 한다. 어떻게든 고통을 최소한으로 줄 여주고 최대한 편한 상태를 만들어준다. 슬픈 감정의 표출은 자제

하고 안전하고 사랑이 가득하고 평화로운 환경을 만들어준다.

고요한 전환을 위한 명상: 마음이 고요한 상태에서 죽음을 맞이하도록 해주는 것이 우리가 해줄 수 있는 가장 큰 봉사이다. 불교도이고 관재자보살 만트라(옴 마니 반메 훔) 암송에 익숙하다면 바로 이때가 암송하기에 가장 좋은 때이다.

앞 장에서 살펴본 주고받기 명상을 번갈아가며 하는 것도 좋다. 아니면 자애로운 마음으로 그냥 옆에 있어만 줘도 좋다. 다만 반려동물에게 중요한 이 대전환의 시기에는 우리가 하는 일이 상상 이상의 큰 힘을 발휘함을 꼭 기억한다.

죽음 직후도 중요한 시기이니 계속 지지를 보낸다: 육체적 죽음 후에도 미세한 마음이 여전히 몸속에 남아 있음을 기억하기 바란다. 반려동물이 숨을 거둔 직후 바로 사체를 옮기거나 움직이지 않는다. 반려동물의 마음이 여전히 대전환의 중요한 부분을 건너고 있고, 반려동물과의 친밀했던 당신이 바르도 상태에 들어간 반려동물에게 이로운 영향을 줄 수 있음을 분명히 인지한다.

반려동물이 죽고 난 뒤 최소한 한두 시간은 옆에 있어주는 것이 좋다. 어떤 이유에서 그럴 수 없다면 어느 곳에 있든 계속 명상을 하며 반려동물의 행복을 빌어준다. 반려동물에게는 이것만큼 좋은 일이 없다.

브라이트해븐에서는 반려동물이 죽으면 사흘 동안 아름다운 침대나 바구니에 눕혀놓고 좋아했던 장난감 등을 넣어주고 초를 밝혀주고 꽃과 식물들로 장식해준다. 생명 에너지가 완전히 떠날 때까지 기다려주는 것이다. 티베트 불교에서 전통적으로 의례의식 때 쓰는 기도 천이 함께한다면 더 완벽하다. 이 시기에 친구, 가족, 자원봉사자들이 방문해 경의를 표하고 기도와 명상을 하며 사랑하는 존재에게 마지막 인사를 한다.

죽음 후 7주 동안 우리가 해줄 수 있는 의식

반려동물의 죽음 직후에는 이제 더 이상 아프지 않아도 된다는 생각에 우리는 해방, 안도, 에너지의 전환, 심지어 자유를 느낄 수도 있다. 아니면 사랑하는 친구를 잃은 상실감에 빠질 수도 있다. 우리가 느끼는 감정이 무엇이든 현재로서는 그게 가장 중요한 문제는 아니다. 반려동물의 죽음으로 우리의 삶도 변할 테지만 반려동물은 지금 더 극적이고 어쩌면 힘들지도 모르는 큰 변화를 겪고 있으니까 말이다. 그리고 무엇보다 그들을 도울 수 있는 힘이 여전히 우리에게 있음을 알아야 한다.

_ 반려동물을 위해 명상하고 만트라를 외운다

바르도 상태에 있는 반려동물은 당신이나 다른 가족이 어디에 있는지 다 안다. 그리고 당신이 하는 명상과 만트라 암송에 여전히 좋은 영향을 받는다. 특히 그들을 위해 명상하고 그들을 위해 특정 덕성을 소원할 때 더 그렇다. 죽음 후 7주(49일) 동안에는 여전히 큰 도움을 줄 수 있으므로 최선을 다해 도와야 한다.『평화로운 죽음, 행복한 재생(Peaceful Death, Joyful Rebirth)』에서 툴쿠 톤둡은 이렇게 말했다. "바르도들은 생각의 세상에서 살기 때문에 명상과 기도의 영향을 매우 잘 받는다."●4 톤둡은 이렇게도 말했다. "명상은 좀 더 깊고 평화로운 마음에서 이루어지기 때문에 일상의 산만한 생각이나 감정보다 이 존재들을 더 강력한 방식으로 돕는다."●5

명상이 강력하기는 하나 죽은 반려동물을 위해 우리가 할 수 있는 일이 명상뿐인 것은 아니다. 꼭 조용한 방에서 방석에 앉아야 만트라를 읊을 수 있는 것도 아니다. 차 안에 있을 때, 운동하러 갈 때, 산책할 때 등 일상을 살면서도 나지막이 만트라를 암송하면 된다. 사람들이 가득한 방이라면 머릿속으로 암송한다.

바르도 상태에 있을 때도 7일마다 '미니 죽음(mini death, 49일의 바르도 기간 동안 7일마다 7번의 단계를 거쳐 다시 태어남 - 옮긴이)'이 일어나므로 이때 죽은 반려동물에게 집중하며 명상하는 것이 특히 중요하다. 물론 이것은 사랑하는 사람이 죽었을 때도 마찬가지다. 반려동물 혹은 반려자가 죽은 요일을 달력에 표시해놓고 7주 동안 매주 그 요일이 올 때마다 그들을 위해 명상과 암송을 두 배로 늘리며 모든 좋은 것들을 기원해주자. 특히 49일째 되는 날에는 꼭 그렇게 하도록 한다. 이 날이 그들을 위해 빌어줄 수 있는 마지막 날이기 때문이다. 이 날이 지나면 죽은 이는 다음 생으로 옮겨가므로 우리도 우리 삶을 다시 살아간다.

다음은 죽은 이에 집중할 때마다 쓸 수 있는 기도문의 한 예이다.

이 명상 / 덕성 / 자애의 실천으로
(죽은 이의 이름)와/과 세상의 모든 존재들이 더 빨리 더 좋은 존재로
태어나는 행운을 누리기를.
완벽한 스승을 만나고 깨닫기를.
세상의 모든 존재를 위해 기도합니다.

_ **죽은 이를 대신해 나누기**

명상과 다르마 수련에 덧붙여 불교는 할 수 있는 한도에서 자애로움을 실천한 후 바르도 상태에 있는 죽은 이에게 그 이로움을 돌릴 것을 권한다. 꼭 부자여야 자애로울 수 있는 것은 아니다. 언젠가 소셜미디어에서 감동적인 사진을 한 장 본 적이 있는데, 사진 속 가난한 여인은 먼지가 풀풀 날리는 길가에 앉아 자식을 위해 가스불에 납작빵을 굽고 있었다. 그런데 그렇게 가난함에도 납작빵을 조금 찢어 근처에 있던 새에게 나눠주었다.

오리, 새, 혹은 다른 동물들에게 먹이를 주자. 야생동물 보호 단체나 다른 자선 단체에 정기적으로 기부를 할 수도 있다. 아니면 길거리를 걷다가 자선기금을 모금하는 사람에게 동전 몇 개를 줄 수도 있다. 그런 일을 할 때는 떠난 반려동물을 생각하고 보리

심을 새기고 그 이로움은 모두 반려동물에게 돌아가게 해달라고
기도한다.

여기서도 매주 돌아오는 기일에 맞춰 기부하면 더 좋다. 그때
그들이 또 다른 전환을 거치고 있으므로 긍정적인 영향이 훨씬 더
커질 수 있다.

_ 먹이통을 계속 꺼내놓는다

바르도 상태에 있는 동안에는 언제든 생전에 살던 집으로 돌아
올 수 있다. 그리고 그 집에서 무슨 일이 일어나고 있는지 본다. 그
러므로 그들이 자주 썼거나 아꼈던 물건을 마치 그들이 언제라도
돌아올 것을 바라고 있다는 듯 그냥 두자. 그렇게 자칫 바르도가 느
낄 수도 있는 불필요한 감정적 고뇌를 방지하는 것이다.

가능한 한 반려동물이 좋아했던 러그, 바구니, 먹이통 등을 원
래 그 자리에 그대로 두자. 반려동물은 사라졌는데 물건들만 눈에
띄는 것이 거슬린다면 그때마다 만트라를 입으로 혹은 머릿속으
로 외우고 그 이로움이 모두 반려동물에게 돌아가기를 기원하자.
그때마다 바르도를 통과하는 반려동물의 행복에 집중하는 계기로
삼자. 그리고 기억하자. 지금은 내가 아니라 반려동물에 집중할 때
임을.

반려동물의 죽음, 새로운 모험의 시작

죽음 과정과 바르도 상태에 있는 반려동물을 지금까지 설명한 대로 두울 때 이로운 점은 말로 다할 수 없이 심오하다. 지금까지 죽음 과정을 대략 살펴보고 우리가 할 수 있는 행동들을 살펴본 것에서 알 수 있듯이 이 장의 초점은 생에서 가장 중요한 전환점을 통과하고 있는 우리 반려동물들을 어떻게 하면 가장 잘 도울 수 있을까에 있다.

불교적 관점에서 보면 죽음 과정 동안 사랑과 긍정적인 분위기를 만들고 평화로운 마음 상태를 유지할 수 있도록 우리가 할 수 있는 모든 일을 다 해주고, 만트라와 명상을 비롯한 다른 의례 의식의 힘을 이용해 바르도 여행을 잘할 수 있도록 직접적으로 도와주는 것이 우리가 반려동물에게 줄 수 있는 가장 큰 선물이다. 물론 매일 수많은 일이 일어나는 이 세상은 어수선하기 짝이 없고 우리 뜻대로 되는 일도 별로 없다. 하지만 그래서 오히려 우리의 목표를 잘 알고 그것에 집중하는 것이 도움이 된다.

그렇다면 불교가 말하는 죽음, 바르도, 재생 같은 것들에 의심이 생긴다면 어떻게 해야 할까? 이런 개념들이 생경하다면 최소한 이 개념들에 대해 숙고할 시간 정도는 필요할 것이다.

하지만 한편으로 아무것도 믿을 필요가 없다는 점을 항상 기억하기 바란다. 필요한 것은 열린 마음뿐이다. 죽음 과정에 대한 다른 확고한 모델을 이미 갖고 있다면 그것도 좋다. 그 모델을 믿고 그에 따라 행동해도 좋다. 하지만 그렇지 않다면 여기 최소한 불교가 말하는 모델이 하나 있으니 이를 살펴보는 것도 그리 나쁘지는 않을 것이다. 게다가 여기서 소개된 수행법들은 반려동물에게만 좋은 것도 아니다.

사랑하는 존재를 잃게 되면 우리 자신에 대한 생각으로 빠져들기 쉬운데 이것이 우리 심신을 피폐하게 하는 가장 큰 이유 중에 하나이다. '내가 사랑하는 존재, 이 아름다운 존재를 잃게 되어서 나는 지금 화가 난다. 그가 사라져버려서 나는 지금 너무도 외롭고 슬프다. 우리 사이는 그 무엇으로도 대체될 수 없다.'라는 생각이 든다. 이것은 자연스럽고 이해할 만하지만 고통스러운 이 모든 생각들에는 늘 '나'라는 요소가 들어가 있다.

우리 생각의 초점을 반려동물에 맞추는 연습을 하고 그런 습관을 들일 때 더 이상 '나'에 초점을 맞추지 않아도 된다. 다른 누군가의 안녕에 대해 생각할 때 우리 자신에 대한 생각은 저절로 하지 않게 된다. 초점의 이런 실질적인 전환이 우리를 덜 괴롭게 한다.

영어 단어 '괴로움(Suffer)'은 라틴어에서 나왔는데 원래 '짊어지다' 혹은 '메고 다니다'란 뜻이었다. 우리만의 개인적인 상실감에 빠져 비탄을 계속 짊어지고 다닐 때 고통은 확장되고 증폭된다. 하지만 그런 생각을 반려동물 중심의 생각들로 대체할 때 반려동물에게 좋을 뿐만 아니라 우리 마음의 평화도 더 빨리 더 쉽게 찾아온다.

7주라는 기간을 정해주는 접근법에도 좋은 점이 많다. 늦어도

49일째가 되면 우리 친구들은 이제 더 이상 뒤돌아보지 않고 앞으로 나아갈 것이다. 새 삶, 새 세상을 갖게 될 것이다. 바로 그때 우리도 앞으로 나아가며 우리의 삶을 살아도 된다는 허락을 받는다.

물론 옛날 생각은 자꾸 난다. 한 번만 더 안아보고 싶고 둘이 같이 한 번만 더 숲속을 산책하고 싶을 것이다. 벽난로 옆에서 함께했던 평화로운 밤도 한 번만 더 느껴보고 싶다. 소중한 기억들을 간직하고 싶은 마음도 지극히 당연하다.

하지만 늦어도 49일째가 되면 연속되는 명료함과 인식이 사라진 우리의 반려동물들은 이미 다른 세상을 경험하고 있을 것이다. 그러므로 우리도 그러면 된다. 반려동물과 함께여서 우리 삶이 더 풍성했고 반려동물의 생, 그 가장 중요한 전환을 함께할 수 있어서 우리는 더 현명해졌다.

이제는 우리 둘 다 새로운 모험을 시작할 때이다.

불교가 말하는 죽음 과정은 어디서 온 것일까?

불교가 말하는 죽음 과정에 대한 이 상세한 그림은 어떻게 생겨났고 왜 우리는 이 말을 믿어야 할까?

불교는 지금도 살아 있는 전통이고 살아 있는 전통의 좋은 점 중의 하나가 수천 년 동안 논쟁, 정제, 편찬된 문헌만이 아니라 의식 탐구에 일생을 바친 명상의 대가 혹은 요기(yogis)들의 가장 최근의 계보까지 갖고 있다는 점이다.

불교 명상에는 집중의 정도에 따라 아홉 가지 단계가 있는데 보통 사람이라면 다섯 번째 단계까지만 가도 대단한 것이다. 아홉 번째 단계 (마음이 한없이 깊고 고요한 상태), 비개념적 상태까지 도달해 점점 더 미세한 의식의 수준을 직접 경험하고 탐구해온 사람들이 바로 명상의 대가들이다. 우리가 죽으면서 통과하게 되는 것이 바로 이 점점 더 미세해지는 의식의 수준들이다.

수행의 정도가 높은 요기라면 명상하면서 투명한 빛의 상태까지 곧장 이어지는 육체적 유사 죽음을 경험하게 되지 않을까? 그렇다. 경험한다. 그 외에도 다른 많은 흥미로운 것들도 경험한다. 요기들이 공통으로 경험하는 것들이 여기서 말하는 죽음 과정의 기초가 되었다. 이 생에서 다음 생으로 이어지는 카르마의 인과성도 이들은 직접적으로 감지하는데 그런 이들의 능력이 있기에 우리는 불교라는 전통의 가르침에 확신을 가질 수 있는 것이다.

죽음, 바르도, 재생에 대한 더 자세한 설명은 툴쿠 톤둡의 『평화로운 죽음, 행복한 탄생(Peaceful Death, Joyful Rebirth)』에서 확인하기 바란다. 명쾌하고 가치가 무궁한 보석 같은 책이다.

10장.
언젠가 내 반려동물을 다시 만날 수 있을까

한번은 깊지 않은 물속에서 우리 여섯 명의 다이버들이 만타가오리 열 마리에 둘러싸였죠. 가오리들은 우리 주위를 호기심에 가득 찬 표정으로 조용히 평화롭게 떠 있었죠. 특히 그중에 한 마리가 유독 저한테 관심을 보여 아주 가까이 오더니 제 바로 앞에서 딱 멈췄어요. 그리고 오랫동안 평화롭게 저를 응시했죠. 그 놀라운 존재가 제 영혼 깊숙한 곳까지 어루만지며 저를 위로하는 것 같았어요. 그 눈은 바로 제 어머니의 눈이었죠. 어머니가 말하고 있었어요. 저를 사랑한다고, 그리고 다 잘될 거라고요. 너무나 감사했던, 영원히 잊지 못할 순간이었어요.

사랑해 마지않던 반려동물이 죽었다. 7주간의 바르도 기간도 끝났다. 우리 반려동물이 평화로운 죽음을 맞고 더 나은 생으로 태어날 수 있도록 할 수 있는 모든 일을 다 했다.

그럼 이제 자연스럽게 또 다른 질문들이 떠오를 것이다. '언젠가 내 반려동물을 다시 만날 수 있을까? 이 생에서 다시 만나는 게 더 좋지 않을까? 사랑했던 그 아이가 다른 모습으로 다시 내 앞에 나타나지 않을까?'

재생과 환생

환생(reincarnation)은 불교에서 중요한 개념이지만 서양에서는 환생의 실질적인 의미에 대한 혼동이 있다. 서양 사람들은 우리가 죽고 나면 어디서 다시 태어날지 스스로 결정할 수 있고 어떤 신비로운 과정을 통해 바로 그렇게 원하는 대로 다시 태어나는 것이 환생이라고 막연하게 생각하는 경향이 있다. 하지만 이것은 불교를 잘 모르는 것이다.

앞 장에서 살펴본 대로 죽음 후 다음 생으로 넘어가는 것은 이 생에서 우리가 만들어온 인격이 아니라 미세한 의식이다. 그리고 이 미세 의식은 살아 있을 때와 마찬가지로 죽음, 바르도 상태, 재생의 과정을 겪을 때에도 연기법 혹은 카르마로부터 강한 영향을 받는다. 혹은 연기법/카르마에 의해 만들어지는 서로 다른 현실 경험에 강한 영향을 받는다고 할 수도 있다.

티베트 불교도라면 죽음 과정에서 각각의 단계를 인식하고 그 단계를 각자의 역량 안에서 가능한 한 최대로 잘 지나가기 위해 준비하고 훈련해 나가는 명상을 가장 중요한 명상이라고 생각한다. 우리의 궁극적 목적은 생로병사의 끝없는 순환에서 벗어나 깨달음을 얻고 여전히 그 순환 속에 있는 다른 모든 존재들을 돕는 것이다. 그 정도에 이를 정도로 충분히 나아가지 못했다면 최소한 다시 인간으로 태어나 깨달은 스승 아래 들어가 계속 우리의 여정을 밟아나갈 수 있기를 희망한다.

우리는 대부분 카르마에 따른 삶을 살아가기 때문에 불교도는 가능하면 좋은 미래를 위한 좋은 원인을 만들어두려 한다. 그런데 마음이 더 이상 카르마의 영향을 받지 않는 극소수의 사람들이 있다. 이들의 마음은 카르마가 아니라 이타주의 같은 덕성의 영향을 받는다. 그리고 이들은 인간으로 태어나기를, 혹은 심지어 그 어떤 다른 존재로 태어나기를 선택할 수 있다. 이런 사람이 보살(bodhisattva)이고 깨달은 자들이다.

카르마에 의한 탄생은 재생(rebirth)이라고 하고, 이타주의 같은 덕성에 의한 탄생은 환생(reincarnation)이라고 한다.

티베트 불교도들은 달라이 라마를 우리와 함께하려고 몇 번이고 다시 돌아온 보살이라고 믿는다. 그 외에도 과거에 깨달았으나 깨달음으로 향한 길 위에 있는 우리를 돕기 위해 다시 우리 안으로 돌아오기를 선택한 수많은 라마, 요기, 평범한 사람들이 있다. 예를 들어 나는 몇 년 전에 돌아가신 내 스승 게셰 아차리아 툽텐 로덴도 곧 내 앞에 다시 나타날 것이라고 믿어 의심치 않는다. 다시 나타난 스승은 내가 아는 게셰와 닮은 구석이 하나도 없을 것이다. 하지만 스승은 비범한 존재일 테니 내가 알았던 그를 드러내는 것쯤은 그에게 문제도 아닐 것이다.

반려동물이 돌아오면 알아볼 수 있을까

재생과 환생의 구분이 이 생에서 우리 반려동물을 다시 만나는 것과 무슨 관계가 있을까? 반려동물이 동물로 가장한 보살이 아닌 이상 다시 만나는 일은 전혀 불가능한 건 아니지만, 있음직한 일은 아니다. 다시 우리와 살 정도로 마음을 조절할 능력이 없을 것이기 때문이다.

우리는 이런 자문도 해볼 것이다. 정말 그 아이가 다시 돌아오기 바라나? 그렇다, 우리는 죽은 반려동물을 다시 만나 베란다에 함께 누워 봄날의 아침이나 여름날의 저녁 햇살을 즐기고 싶다. 하지만 우리 반려동물이 더 나은 미래를 누리기 바란다면 영적 여정을 계속할 수 있는 동기와 기회를 가질 인간으로 다시 태어나는 게 더 낫지 않을까? 그들이 다시 돌아오기를 바라는 것은 그들을 위해선가? 우리를 위해선가?

두 번째 더 큰 질문은 우리가 과연 그들을 알아볼 수 있을까 하는 것이다. 다시 태어나는 것이 이전의 에고도, 인격도 아니라면 그 새로운 존재가 죽은 반려동물이 다시 태어난 것임을 어떻게 알겠는가? 크게 깨달은 존재라면 전생을 보는 초능력쯤은 자연스럽게 발휘할 수 있겠지만 우리 같은 평범한 사람은?

우리는 돌아온 반려동물을 알아보지 못하는 것은 물론이고 지금 있는 가족, 친구, 반려동물이 과거에 우리와 어떤 관계였는지도 모른다. 그것을 알게 되면 아마 크게 놀랄지도 모른다.

라마들은 가끔 불교에서 전해 내려오는 옛날이야기를 들려주곤 하는데 사리불의 이야기도 그중에 하나로 여기서 소개해볼 만하다. 사리불은 석가모니 붓다를 가까이에서 모시는 제자였는데 어느 날 평범한 우리에게는 단란한 가정집처럼만 보이는 어느 집을 지나가게 되었다. 그런데 초능력이 있던 사리불은 그 집 가족들의 과거를 다 볼 수 있었다. 그러자 그 가정이 참으로 달라 보였다고 한다.

사리불이 본 그들의 모습은 이랬다. 어느 젊은 부부가 남자 쪽 부모와 함께 살고 있었다. 남자의 아버지는 집 뒤쪽 호수에서 낚시를 즐기곤 했다. 행복한 가족이었다. 남자의 어머니는 가족에 대한 자부심이 컸다. 그런데 어느 날 나그네가 찾아왔고 나그네와 젊은 아내가 간통을 저지르고 말았다. 남자가 그 사실을 알고 격분해 나그네를 죽여버렸다. 그 후 얼마 지나지 않아 젊은 부부는 아기를 얻었다. 그 아기가 바로 죽은 나그네였다. 젊은 아내와 강하게 연결되어 있는 카르마 탓에 집착을 끊을 수 없었던 것이다. 세월이 흘러 남자의 늙은 부모는 죽었고, 가족에 대한 애착이 강했던 어머니는 아들 내외의 개로 다시 태어났다. 또 호수에서 낚시를 즐겼던 아버지는 호수의 물고기로 돌아왔다.

어느 날 젊은 남자가 호수로 낚시를 가 아버지였던 물고기를 잡았다. 그의 젊은 아내가 물고기를 요리했고 뼈는 개에게 주었다. 젊은 남편은 아이를 무릎에 앉혀놓고 자꾸 다가오는 개를 발로 차며 물고기를 먹었다.

사리불은 그 집을 지나가며 가족이 물고기를 먹는 장면을 보았고 이렇게 말했다.

아버지의 살을 먹고 어머니를 발로 차고 있구나.
그리고 자기가 죽인 원수를 무릎에 올려놓고 있구나.
그리고 아내가 남편의 뼈를 씹고 있구나.
윤회가 참으로 농담 같구나.[1]

사리불의 이런 통찰은 '내' 가족을 돌아보며 생각에 잠기게 한다!

새 삶 그리고 신비로운 만남들

반려동물은 다음 생에 다시 우리에게로 돌아올 정도로 마음 조절 능력이 뛰어나지는 않을 것이다. 하지만 사리불 이야기에서 나오는 어머니처럼 우리에 대한 혹은 우리 집에 대한 애착이 강하다면 어떻게든 다시 만나게 되지 않을까? 우리 아이들, 반려동물들, 인생의 동반자, 친구들…… 이들과 우리는 과거에 정확하게 어떤 관계였을까? 불교는 여기에 카르마가 중요한 역할을 한다고 본다. 이들이 우리와 함께 살게 된 것은 결코 우연이 아니다.

호주 서남부의 프리맨틀 지역에는 카푸치노 스트립이라고 하는 카푸치노 거리가 유명하다. 그곳에 자리한 지노스라는 카페는 카푸치노 거리 개념이 생기기 훨씬 전부터 있었고 지금은 명소로 자리잡았다. 그 카페는 지노 사코네가 그의 아내 로자, 딸 로라와 함께 시작했다. 지노는 정통 이탈리아 스타일을 고수했고 한시도 카페를 떠나는 법이 없었다. 그리고 늘 특정 테이블에만 앉아 있었는데 거기서는 카페 안을 한눈에 볼 수 있었기 때문이다. 2001년 지노가 죽고 난 후 흥미로운 일이 일어났다. 딱새 한 마리가 카페로 날아들어와서는 곧장 카페를 가로질러 다분히 의도적인 듯 지노가 늘앉던 의자의 등받이 부분에 앉았다. 그리고 오랫동안 그곳을 떠나지 않았다.

딸 로라는 그 방문의 의미를 금방 알 수 있었다. 게다가 단지 몇 번에 그친 일도 아니었다. 그때부터 몇 달, 아니 몇 년이 지나도록 딱새는 매일같이 카페로 날아 들어왔고 항상 같은 의자에 앉았다. 로라가 그 의자에 앉아 있을 때면 특히 그 테이블에서 꼼짝도 하지 않았고, 다른 직원들이 카페 밖으로 내몰려고 하면 나갔다가 다시 들어왔다. 지역 신문에 이 이야기가 실렸는데 거기서 로라는 이렇게 말했다. "이 새는 저한테 '아빠야!'라고 말하는 것 같아요. 이런 이야기를 안 믿는 사람도 많지만 저는 그렇게 믿고 있어요."[2]

내 블로그를 통해 독자들에게 전생의 인연을 감지한 적이 있는지 물었더니 수많은 이야기가 쏟아져 들어왔다. 사람들은 다양한 존재로부터 직감적으로 이런저런 느낌들을 받는다. 여기서 그 이야기 몇 편을 그들의 말 그대로 공유하려 한다.

_ **영국의 한 독자 이야기**

12년 전, 사랑하던 고양이 나타샤가 혀 밑 편평상피세포암으로 세상을 떠났어요. 제가 회사에 있는 동안 혼자 질식해 고통스럽게 죽을 것이 걱정되어 꼭 안은 채 안락사를 시켰죠. 당시 너무 슬프고 힘들었어요.

6개월 후 직장 동료가 죽을 뻔한 고양이 새끼들을 몇 마리 데리고 왔더군요. 어떤 남자가 강에 던져버리려고 하던 고양이를 데리고 왔다고 했어요. 그중에 마지막 남은 아이를 제가 입양했어요. 제 자리로 데리고 왔더니 책상 구석에 있던 전화기 뒤로 폴짝 뛰어가

잠이 들더군요. 집으로 데려오자 고양이 물품 무더기로 가서 장난감을 뒤졌어요. 그러고는 나타샤가 아기 때부터 죽을 때까지 제일 좋아하던 장난감을 딱 골라 물고는 저한테로 왔어요. 그리고 제 발밑에 그 장난감을 떨어뜨리고 고개를 쫑긋 들이밀고는 저를 보더군요…… 그 순간 나타샤가 돌아온 걸 알았어요.

집에 돌아와 제가 손을 내밀면 머리를 내밀고 뒷발을 들어 올리며 인사하는데 이것도 나타샤가 매일 하던 그대로였어요. 달라이 라마가 환생하면 이전에 사용하던 물건들을 골라내는 시험을 거친다잖아요. 딱 그 생각이 들더라고요.

함께 살게 된 새 고양이는 자라면서 새로운 성격들도 보였지만 저는 확신해요. 그 아이가 누구였는지를. 그 아이는 저에게 강한 애착을 보이며 거의 16년을 함께 살다가 다시 저 세상으로 갔어요. 그러는 동안 저는 매일매일 감사했답니다. 갑작스런 죽음이었지만 이제 저는 그 아이가 저를 기다리고 있고 우리는 다시 만날 거라는 걸 잘 알아요.

_ **호주 퍼스의 니치 오트 이야기**

제가 서른세 살이었을 때 어머니가 갑자기 돌아가셨죠. 의식을 잃기 바로 전날도 전화통화를 했는데 아주 기분 좋고 평화롭기 그지없는 통화였어요. 마지막에는 늘 그렇듯 '사랑한다'라고 하셨는데 그게 마지막이 될 줄은 꿈에도 몰랐죠. 바로 다음 날 전 세상이 무너진 것 같았어요.

약 일 년 후, 스쿠버다이빙을 좋아하는 저는 남편과 토바고 섬으로 다이빙 휴가를 갔어요. 한번은 전혀 깊지 않은 물속에서 우리 여섯 명의 다이버들이 만타 가오리 열 마리에 둘러싸였죠. 위협적이지는 않았어요. 가오리들은 우리 주위를 호기심에 가득 찬 표정으로 조용히 평화롭게 떠 있었죠. 특히 그중에 한 마리가 유독 저한테 굉장한 관심을 보여 아주 가까이 오더니 정말 제 바로 앞에서 딱 멈췄어요. 그리고 오랫동안 평화롭게 저를 응시했죠. 그 놀라운 존재가 제 영혼 깊숙한 곳까지 어루만지며 저를 위로하는 것 같았어요. 그 눈은 바로 제 어머니의 눈이었죠. 어머니가 말하고 있었어요. 저를 사랑한다고, 그리고 다 잘될 거라고요. 저를 바라보고 있는 그녀는 행복해 보였어요. 너무나 감사했던, 영원히 잊지 못할 순간이었어요.

미국 버지니아의 레아 발디노 이야기

지금까지 누구에게도 말하지 않은 이야기입니다. 부분적으로 좀 끔찍한 이야기라서요(최소한 저는 그 생각만 하면 지금도 목이 메거든요!). 하지만 정말 신기하다고밖에 할 수 없는 이야기랍니다. 몇십 년에 걸친 이야기라 좀 길 수도 있어요. 이야기는 두 부분으로 나눠집니다.

수십 년 전 저와 남편은 말을 타곤 하던 농장에서 새끼 고양이

세 마리를 입양했어요. 두 마리는 털이 길었고 한 마리는 짧았어요
(아빠가 서로 다른 고양이들). 털이 긴 아이 중 하나가 유독 저와 인연이
각별하다고 느껴졌고 저는 그 아이(암고양이)에게 재키 글리슨(미국
의 배우 겸 코미디언—옮긴이)의 TV 캐릭터 중 하나인 럼덤이라는 이름을
지어주었어요. 몇 년 새 럼덤은 저의 최고 소울메이트가 되었지요.

　열여덟 살 정도 되자 럼덤은 귀가 많이 안 좋아 소리에는 거의
반응하지 못했죠. 만져줄 때만 겨우 반응했지만 그것만 빼면 여전
히 애교 많고 행복한 고양이였어요. 밖에도 곧잘 나가 집 주변을 잠
깐 배회하다 들어왔지요. 그런데 어느 날 집에 데리고 들어오려고
나가 보니 아무 데도 보이지 않았어요. 이름을 불러대며 (듣지도 못했
겠지만) 계속 찾고 또 찾았지요.

　밖에 나갔다가 길을 잃고 일을 당한 것 같았어요. 저는 충격에
넋이 나가버렸죠.

　그 몇 년 후 우리 집에서 약 1킬로미터 떨어진 곳에 사는 어떤
아주머니를 우연히 만났는데 그녀가 럼덤이 자기 집 마당에 와 있
었다고 했어요. 어느 집 고양이인지 몰랐기에 정부에서 운영하는
동물수용소로 데리고 갔다고 했어요(이웃에게라도 좀 물어보았으면 좋았
을걸!).

　저는 럼덤이 그 나이에 그렇게 멀리까지 갈 수 있으리라곤 꿈
에도 생각지 못했기에 동물수용소에 가볼 생각도 못 했어요. 그리
고 동물수용소는 당시 평판이 매우 좋지 않아서 누가 럼덤을 그곳
으로 데려갔으리라고 상상도 못했어요. 당시 그 수용소는 동물들을

닷새 정도 데리고 있다가 가스실에 넣어 한꺼번에 안락사시켰지요 (앞에서 말했듯이 정말 끔찍한 일이 아닐 수 없어요).

그날 이후 이 사건은 제 인생에서 몇 안 되는 고통스러운 기억으로 남게 되었어요. 에크하르트 톨레가 말한 '고통체(pain body: 업식 혹은 고통스러운 카르마-옮긴이)'가 된 거죠. 이 사건을 생각할 때마다 고통스러워요. 그만큼 깊은 슬픔이고 영원할 것 같은 슬픔이에요.

그리고 몇십 년이 지난, 지금으로부터 약 13년 전, 그 동물수용소는 현대식 보호소로 진화해 안락사보다는 입양을 위해 노력하기 시작했죠. 그래서 가끔 저희 개들과 그쪽으로 산책도 가곤 했어요. 고양이는 그곳에서 상대적으로 소홀한 대우를 받는 편이었지만 그래도 어미 고양이와 새끼들을 위탁 가정에 보내 새끼들이 입양에 충분할 정도로 클 때까지 함께 있게 해주는 일을 시작했다고 하더라고요. 그래서 저는 위탁 가정이 되어 어미와 새끼들을 받기로 했죠.

그곳에 관리자가 당시 두 마리 어미와 각각의 새끼들이 있으니 원하는 가족을 골라 가라고 했어요. 저는 고르기 싫으니 저를 위해 골라달라고 했지요. 관리자가 그렇게 해줬어요.

아이들을 집으로 데려왔고 그제야 자세히 살펴봤죠. 그리고 깜짝 놀라서 말문이 막혀버렸어요. 새끼들 중에 한 마리가 몇십 년 전 그곳 가스실에서 안락사당했던 럼덤하고 똑같이 생긴 거예요. 럼덤 사진들을 다 꺼내 비교해봤어요. 어렸을 때 모습이 거의 정확하게 똑같았어요. 더 놀라운 것은 성격이나 기질이나 가르랑대는 모습이나 주의력도 다 같았다는 거예요! 그쯤 되면 그 아이를 다시 보호소로 보낼 수는 없죠!

그때부터 그 아이를 붓다키티라고 불렀어요. 지금은 가르랑대는 소리가 깊어져서 럼블(Rumble: 영어로 우르릉, 웅웅 소리를 뜻한다 - 옮긴이)이라고 부르기도 해요. 럼덤이랑 발음도 비슷하니까요. 붓다퍼스(BuddhaPuss)라고 부르기도 하고 줄여서 범프(Bump)라고 부르기도 하고요.

환생이 정말 있는지는 잘 모르겠어요. 어떤 우주적이고 보편적인 의식은 있는 것 같지만요. 그리고 때로 우리 고양이들의 의식을 느끼기도 한답니다. 특히 그 의식을 물씬 드러내는 고양이가 있죠.

그러므로 이 이야기는 대단한 우연에 대한 이야기일 수도 있고 럼덤이 마침내 그 보호소로부터 저에게로 돌아온 놀랍고도 명확한 환생에 대한 이야기일 수도 있겠죠. 저는 후자라고 믿고 싶어요!

_ 미국 오리건의 한 독자 이야기

둘째 아들 브라이언이 두 살 정도로 어렸을 때 자꾸 집 밖으로 나가자고 했어요. 거의 50년도 더 지난 이야기예요. 저희는 도시 근교 시골에 살았어요. 브라이언은 대부분의 시간을 나이 차이가 좀 있는 형이랑 보냈고 당시는 부모들이 아이들을 자유롭게 풀어놓고 키우는 편이었죠.

우리 집 옆에는 농부 노인 부부가 이웃해 살았는데 말을 한 마리 키우고 있었어요. 브라이언이 울타리를 넘어 자꾸 그 집으로 놀러 갔던 모양이에요. 노부부 세실과 에밀리는 친절한 분들처럼 보였는데 그렇게 친하지는 않았어요. 조용히 사시는 분들이었고, 말뿐 아니라 개도 한 마리 키우고 닭과 오리도 여러 마리 키우셨죠.

그러던 어느 날 오후, 집으로 돌아온 브라이언을 보니까 셔츠 주머니에 쪽지가 하나 끼워져 있었어요. 그 이웃집에 갔던 모양인데 세실 할아버지가 브라이언이 말 옆에 있다가 다칠까봐 걱정된다고 써서 보냈더군요. 곧바로 노부부를 찾아갔죠. 세실은 말이 순하기는 하지만 아이들에 익숙하지 않아서 조금 걱정이 된다고 했어요. 브라이언이 세실과 에밀리한테 가서 놀곤 했다는 것을 그날 처음 알았죠. 에밀리가 웃으며 말하길 세실이 농장 일이며 집안일을 하며 여기저기 다니면 브라이언이 졸졸 따라다녔고 취미 삼아 나무 조각을 새길 때는 발치에 앉아 자세히 살폈다고 해요.

우리는 브라이언에게 농장에 가면 위험하고, 말 옆에 가는 것도 위험하다고 주의를 줬지요. 그렇다고 말에 대한 흥미를 잃어버리게 하고 싶진 않았기 때문에 조금만 더 크면 말을 타러 가자고도 했죠. 그럼 농장에 가는 일을 그만둘 줄 알았어요.

한동안은 얌전히 시킨 대로 하는 것 같았어요. 그런데 어느 날 브라이언이 또 사라졌어요. 아내가 세실과 에밀리에게 가보았더니 역시나 거기에 있더군요. 노부부는 정원에 돌을 쌓아 직접 폭포를 하나 만들어 두었는데 그날 근처 바닥을 파내려고 인부들을 몇 명 불렀더라고요. 그때 마침 브라이언이 나타났다고 하더군요. 폭포로 이어지는 관 하나에 물이 새서 다른 걸로 교체하려던 참이었죠.

세실이 혼자 하기에는 벅찬 일이었지만 인부들 관리는 할 수 있었죠. 브라이언은 그곳에 세실과 함께 있고 싶어 했지만 제 아내가 그곳에 도착했을 때는 에밀리가 브라이언을 안고 좀 멀리서 바라보고 있는 상황이었죠. 에밀리는 제 아내에게 귀엣말로 몇 년 전에 세실이 그곳에 죽은 개를 한 마리 묻었다고 얘기해주었어요. 잔해가 그때까지 남아 있을 것 같지는 않았지만 그래도 에밀리는 브라이언이 그걸 봐서 좋을 건 없겠다고 생각했지요.

제 아내는 브라이언을 받아 세우고 손을 잡고는 그만 집으로 돌아가자고 했지요. 그런데 바로 그때 브라이언이 갑자기 엄마 손을 뿌리치고는 인부들이 땅을 파고 있는 곳으로 달려갔어요. 파낸 흙더미 위에 진흙투성이 물체가 하나 있었어요. 브라이언이 그것을 움켜쥐더니 소리를 지르기 시작했어요. 거듭 "내 거야!"라고도 했고 '마야!'라고도 했죠. 아주 흥분한 상태였어요. 제 아내가 급히 뛰어가 브라이언을 안았어요. 아내는 그때 에밀리 표정이 이상했다고 했어요. 당시 아내는 브라이언이 뭔가 끔찍한 걸 볼까봐 걱정한 게 아닐까라고만 생각했지요.

세실이 제 아내를 도와서 브라이언을 흙더미 근처에서 멀찍이 떨어지게 했죠. 그리고 세실은 브라이언이 꼭 잡고 있던 진흙덩이 물체를 보더니 예전에 그 집에 있던 작은 인형 같다고 했어요. 브라이언은 인형을 절대 놓지 않으려 했고 세실이 그럼 가지라고 했어요. 아내는 대수롭지 않은 일이라고 생각하고 브라이언을 집으로 데리고 왔죠. 아내는 빨래 통을 꺼낸 다음 브라이언을 겨우 설득해 흙투성이 인형을 빨았죠. 뜨거운 물에 소독제까지 풀어서 말이에요.

당시에 우리는 그 사건을 그러려니 하고 넘겼어요. 브라이언이 자꾸 그 집을 방문해서 말에게 걷어차이지나 않을까 하는 것이 더 걱정이었죠. 그 후 몇 주 동안 브라이언은 한때는 인형이었겠지만 지금은 정체를 알 수 없는 털북숭이가 된 그 물건을 무슨 보물 다루듯이 소중히 다뤘어요. 하지만 크리스마스 때 새 장난감을 받자 곧 그 인형은 잊어버렸죠.

그리고 한번은 식당에 밥을 먹으러 갔는데 거기서 에밀리, 세실과 그들의 다 자란 딸 캐럴을 만났죠. 마침 밥을 다 먹어 식당을 나오려던 때라 그들 테이블에 잠깐 같이 앉았죠. 평소에 낯선 사람을 보면 부끄러움을 많이 타던 브라이언이 캐럴을 보더니 곧장 다가가는 거예요. 우리는 참 이례적인 일이라고 했지요. 캐럴이 아주 예뻐하자 금방 캐럴의 무릎에 앉더군요.

5년 후 세실이 죽었어요. 아내와 저는 장례식에 참석했어요. 장례식을 소박하게 치른 뒤 그들 집으로 초대받아 갔지요. 그곳에서 세실과 에밀리의 다른 딸과 아들을 처음 보았고 캐럴도 다시 만났어요.

그런데 캐롤이 어느 순간 우리에게 말을 걸더니 브라이언에 대해 이것저것 묻더라고요. 언제 태어났으며 물을 좋아하는지 같은 세세한 것들 말이에요. 그리고 우리더러 환생을 믿느냐고 묻더군요. 아내는 믿는다고 했고 저는 잘 모르겠다고 했어요. 캐럴은 놀라지 말라며 계속 이야기를 이어갔죠. 캐럴은 어릴 때 부모님의 손에 이끌려 애견센터에 가서 개를 한 마리를 데리고 왔어요. 풍모가 당당해 듀크(공작)라고 이름을 붙였지요. 캐럴은 듀크에 홀딱 반했고 그건 캐럴의 부모도 마찬가지였죠. 캐럴이 대학을 가느라 집을 떠나자 듀크는 세실이 전담하다시피 보살피게 됐죠. 듀크는 세실이 집안일과 농장 일을 할 때 어디든 따라다녔고 나무 조각을 할 때는 그 옆에 앉아 있기를 좋아했죠.

대학을 졸업하고 캐럴은 장기 여행을 갔습니다. 그러다 멕시코에 체류하던 중 집에 인형을 하나 보냈지요. 이름이 마야인 인형이 있는데 한동안 듀크가 제일 좋아하던 장난감이었지요. 세실은 듀크가 그 인형에서 캐럴의 체취를 느낀다고 생각했어요. 듀크가 죽자 세실은 듀크를 정원에 바위가 많은 곳에 묻었어요. 마야를 장난감 중에 제일 좋아했으니 함께 묻어줬지요.

그렇게 신나는 이야기가 아니라 좀 죄송해요. 하지만 저는 항상 생각했어요. 브라이언은 왜 또래 아이들이 있는 다른 이웃집에는 절대 놀러 가지 않았을까 하고요. 두 살배기 아이라면 보통은 전혀 관심도 없을 흙투성이 인형에 왜 그렇게 흥분했을까요? 게다가 어떻게 마야라는 이름까지 알았을까요?

브라이언이 십 대가 되었을 때 그 일에 대해 이야기를 나누었죠. 브라이언은 마야를 발견했던 때를 분명히 기억하고 있었어요. 아주 어릴 적 기억으로는 그게 유일했어요. 브라이언은 언제나 캐럴과 에밀리를 각별하게 생각했어요. 에밀리가 아주 연로해졌을 때도 찾아가곤 했죠. 십 대 아이들은 보통 그러지 않죠. 물론 전생

같은 건 아무것도 기억나지 않는다고 했어요. 어쨌든 우리에게는 모든 사실이 자명한 것 같은데…… 판단은 사람들에게 맡겨야겠죠?!

인간이 반려동물로 돌아오다?

사람과 강한 연대를 느끼는 반려동물이 그 사람에게 돌아오기도 하지만, 강한 연대를 느꼈던 가족이 반려동물로 다시 돌아온 것 같다고 느끼는 사람들도 많다.

— 미국 펜실베이니아의 레베카 하트만 이야기

저는 어렸을 때 불우했고 주로 할머니 조애너 엔치의 손에 자랐어요. 할머니는 친구 분들 사이에서 '조'로 통했는데 키가 크고 아름답고 우아한 분이셨어요. 어린 저에게 자주 노래를 불러주시곤 했는데 목소리가 아주 달콤하고 부드러웠어요. 할머니는 뭐랄까 귀족 같은, 뭔가 우월한 분위기를 풍겼어요. 그리고 알레르기 비염이 심했고 목기침도 잦았죠.

할머니는 제가 만난 사람 중에 가장 온화한 분이었어요. 어떤 경우에든 갈등을 싫어했죠. 분위기가 안 좋다 싶으면 즉시 해결책을 찾았어요. 우리 가족 중에 가장 특별했죠.

할머니는 매우 영적으로 태어났고 또 매우 영적으로 살았어요. 루터교 목사였던 할아버지와 결혼했는데 할아버지는 그녀 인생에서 네 개의 위대한 사랑 중에 하나였죠. 나머지 셋은 샴 고양이 픽시, '나(그녀의 공주 베키)', 그리고 예수님이었죠.

할머니는 93세로 돌아가셨어요. 돌아가실 때 저는 할머니 옆을 지켜드리며 제가 많이 사랑하고 할머니가 옆에 있어줘서 너무도 감사했다고, 그리고 이제 가셔도 된다고 말씀드렸죠.

할머니가 돌아가시자 저는 그 즉시 이제는 전남편이 된 당시의 남편에게 대학을 제때 졸업하지 못할 것 같다는 등의 문제들을 토로하며 화를 냈어요. 그러던 중 검시관이 왔고 우리더러 조금 물러나라고 하더군요. 그때까지 저는 울지도 않았어요. 그냥 멍한 상태였죠. 그때 검시관이 검은 부대 같은 걸 씌운 할머니의 시신을 들것에 실어 우리 앞을 지나갔어요. 그 순간 울음이 터져 나왔어요. 아주 통곡했죠. 바로 그때 할머니의 영혼이 결심한 것 같아요. 다시 돌아와 저를 돌보겠다고 말이에요.

몇 년 후 저는 고속도로 근처에 있는, 평판이 좋다고는 할 수 없는 애완동물점에서 할머니를 다시 만났어요. 그날 갑자기 나를 좀 위로하고 싶어서 그 가게로 들어갔어요. 당시 저는 우울증이 심해서 일상생활을 제대로 할 수 없을 정도였죠. 작은 동물우리 안에 작디작고 예쁘지도 않고 눈도 사시인 블루 포인트 샴 고양이 한 마리가 혼자 위장이 튀어나올 듯 재채기를 심하게 하고 있었죠. 아프고 사시여서인지 주인장이 가격을 2백 달러까지 깎아주겠다고 했어요. 그 새끼 고양이에게 왠지 끌리더군요. 불쌍하다는 생각도 들었고요. 게다가 가격까지 좋았어요. 결국 주인장이 내민 혈통서를 받아들었어요. 그리고 깜짝 놀랐지요. 혈통서에는 '조의 샴 고양이'라고 쓰여 있었어요. 임시 집사의 이름이 놀랍게도 '조'였어요!

그게 7년 전 일이에요. 지금은 다른 고양이들도 많이 기르고 있는데 그중 세 마리가 샴 고양이예요. 그중에 조안나가 가장 특별하답니다. 저는 한 치의 의심도 없이 조안나가 제 할머니라고 생각해요. 조안나는 제 침대와 베개를 공유하는 유일한 고양이고 하루 종일 제 품에서 떠나지 않는 유일한 고양이예요. 화를 내려고 하거나 목소리가 올라간다 싶으면 조안나는 그 즉시 저를 진정시키죠. 그럴 때 우는 방식이 몇 가지 있어요. 아니면 앞발로 제 뺨을 부드럽게 어루만진답니다. 다른 사람들이 목소리를 높이면 그 사람에게도 달려가 특유의 방식으로 울어요. 제 품에 있다가 가끔은 저를 아주 길게 응시하곤 한답니다. 영혼을 울리는 표정을 하고 말이에요. 아주 똑똑하고 늘 헛기침을 하고 제가 만난 어떤 고양이보다(11마리) 귀족다운 풍모를 자랑해요. 믿을 수 없이 사랑스럽고 부드럽고 날씬하고 아름답고 세련되었지요. 다른 고양이는 물론 다른 사람들에게서조차 절대 본 적 없는 우아함과 고상함을 보여준답니다.

나는 낙태한 아이가 다른 모습으로 돌아와주었다는 이메일도 많이 받았는데 매우 흥미롭다. 그중에 영국 버킹엄셔의 알렌 윌슨의 이야기가 특히 인상적이었다.

클레어렐러는 수정되고 8주 만에 태어나지도 못하고 죽었습니다. 당시 저의 약혼자가 낙태를 했죠. 다른 많은 사람들처럼 저도 낙태에 관대한 편이었는데 막상 제 아이 이야기가 되고 보니 절대 그럴 수 없더군요. 변호사인 저는 당시 경고장이라도 날려 그녀를 막아보려 했지만 관계만 더 악화되었죠. 그래서 그녀와도 헤어지고 말았습니다. 죽은 아이의 성별도 몰랐어요. 그 후에도 그 아이가 존재하고 있으리라고는 전혀 생각지도 못했죠. 말도 안 되는 생각이잖아요. 그래서 그 일은 그냥 거기서 끝난 거려니 여겼죠.

그런데 끝난 게 아니었어요.

그 5~6년 후 저는 영매의 힘에 관심을 갖게 되었어요. 불교나 초심리학 쪽은 여러 가지 이유로 낙태에 대해 큰 관심을 갖지는 않죠. 낙태 경험이 사실 후유증이 큰 데도 말이에요. 당시 왠지 대여섯 살 먹은 딸의 모습이 자꾸 상상이 됐어요. 금발에 예쁘고 건강하고 활기찬 아이로요. 낙태한 아이 외에 저에게 자식은 없습니다. 여기저기 알아봐서 영매들을 만나봤죠. 그중 일부는 정말 능력이 대단했어요. 저의 낙태 경험을 그대로 얘기하더군요. 그때의 장소들, 관련된 사람들 이름도 맞았고 심지어 제 옆에 작은 금발 소녀가 서 있고 저한테 말을 하고 싶어 한다고도 했어요. 물론 저는 보지도 듣지도 못했지요. 하지만 그 아이가 자꾸 생각나서 클레어렐러라는 이름을 지어줬어요. 클레어렐러는 혼자라서 너무 외롭다고 했어요.

그리고 저와 함께할 수 있는 방법을 찾고 싶다고도 했어요. 당시 제 파트너와 저는 50세 전후였기 때문에 불가능한 일처럼 보였죠.

그렇게 또 몇 년이 지난 어느 여름 파트너와 저는 마요르카 섬에서 집을 빌려 휴가를 보내기로 했어요. 그리고 그 집에서 얼룩고양이를 한 마리 만났죠. 고양이는 주저 없이 곧장 저에게로 걸어왔는데 먹을 것과 쉴 곳이 필요해 보였어요. 우리는 먹이를 잔뜩 사다 주었고 잠깐이지만 우리 집에서 살게 해주었죠. 그 동네에는 고양이를 무슨 해충 취급하며 죽이려 드는 사람들이 있었거든요. 우리는 그 고양이를 허니라고 불렀어요.

휴가는 끝나가는데 허니와 헤어질 일이 점점 더 걱정되더군요. 그러던 어느 날 허니와 함께 수영장 일광욕 의자에 앉아 있었는데 허니가 갑자기 날카롭게 야옹 하고 울더니 제 눈을 직시했어요. 그 순간 번개를 맞은 것 같았어요. 허니가 클레어렐러라는 걸 절대적으로 확신했죠. 클레어렐러가 '돌아온' 겁니다! 허니도 그 사실을 알고 있었어요. 물론 클레어렐러는 고양이가 아니니까 클레어렐러의 어떤 에너지가, 기꺼이 자기 몸을 내준 허니 안에 있는 거겠죠. 물론 허니도 허니만의 고양이겠고요. 갑자기 모든 것이 분명해졌어요. 돌아오겠다던 약속, 우연처럼 보였던 일련의 사건들, 그리고 허니와의 만남과 우리 둘 사이의 끌림 등.

이제 뭘 선택해야 하는지 분명해졌어요. 허니는 저와 함께 영국으로 돌아와야 했어요. 그 후 6개월 동안이나 허니를 격리 수용시키는 과정을 거쳐야 했지만 2011년 2월 모든 절차를 끝내고 우리 집으로 데려올 수 있었죠. 이제 허니는 10~11세 정도로 제가 이 글을 쓰고 있는 동안에도 바깥에서 영국의 봄 햇살을 만끽하고 있네요. 허니를 통해 저는 조건 없는 사랑을 배웠답니다. 그리고 앞으로 만나려면 조금 더 기다려야 하겠지만(다음 생까지?) 제 딸에 대한 사랑도 느꼈고요. 그리고 무엇보다 우리가 상상할 수 있는 것보다 더 많은 일이 가능함을 배웠답니다.

그들을 알아본다면 멋지지 않은가

이 이야기들은 사람들이 나에게 전해준 흥미로운 이야기들의 극히 일부에 지나지 않는다. 그리고 이런 종류의 이야기에는 두 가지 공통되는 특징이 있다. 첫째, 주인공들은 살면서 서로 다른 많은 사람과 동물들을 만났다. 그런데 어떤 특정 만남에 유독 끌렸다. 이것은 그때 느낀 감정이 어떤 방식으로든 질적으로 달랐음을 뜻한다.

두 번째 특징은 그런 만남이 순간의 동력에 의해 뜻밖에 이루어졌다는 것이다. 레아 발디노는 새 고양이를 들일 의도가 전혀 없었고 고양이 가족의 임시 보호자 역할만 하려 했다. 알렌 윌슨은 그저 휴가를 보내려고 스페인에 간 거였다. 영국의 독자는 회사에 나가보니 동료가 새끼 고양이들을 구해 와서는 집을 찾아주고 있었다.

동물의 재생을 실질적으로 증명하기는 어려워 보이지만 지난 수십 년 동안 적지 않은 연구가 계속되어 왔다. 이 주제에 대해 좀 더 알고 싶다면 지금은 작고한 캐나다의 정신과의사 이안 스티븐슨의 연구 결과를 참고하면 좋을 것이다. 스티븐슨은 자신의 동료들과 함께 전생을 기억하는 아이들의 사례들을, 그렇다고 볼 수밖에 없는 강력한 증거들까지 함께 상세히 정리 기록해두었다. 예를 들어 아이들은 이생에서의 경험만으로는 도저히 알 수 없는 전생 가족들의 특징들을 세세한 부분까지 알고 있었다.

재생을 증명하겠다는 사명을 갖고 있던 게 아니었음에도 스티븐슨은 자신이 발견한 것들에 비추어 볼 때 다시 태어나는 사람이 분명히 있음을 받아들이는 것이 합리적이라고 결론 내렸다. 로버트 알메더 교수 같은 다른 학자들은 더 나아가 받아들이지 않는 것이 분명 더 비합리적인 것이라고 주장했다.[3]

왜 상대적으로 극소수만이 전생을 기억하는지는 아직 수수께끼이다. 하지만 알메더 교수가 말했듯이 전생을 기억하는 이들이 통계적으로 열외자 혹은 이상 수치에 속하기 때문에 더 흥미롭고 연구할 가치가 충분한 것이다.

재생은 동양 문화에서 당연한 것으로 받아들여지는 반면 서양에서는 그렇지 않다. 재생이 충분히 가능함을 증명하려는 사람들만큼이나 거부하고 논박하려고만 하는 기존의 이익 집단들이 있다. 하지만 그럼에도 놀랍게도 재생을 믿는 사람들이 많다. 2012년 퓨 포럼(Pew Forum)의 조사에 따르면 미국인들 중 25퍼센트, 기독교도 중 24퍼센트가 재생 혹은 환생을 믿는다고 한다.

티베트 불교를 공부하는 행운을 누리고 서양 교육도 받은 나에게 누가 어느 쪽이 우리 의식과 그것의 작용 방식을 더 일관적이고 실용적으로 설명하는지 말해보라고 하면 나는 조금도 망설이지 않고 티베트 불교라고 말할 것이다.

나에게는 초능력이 없지만 초능력을 갖고 있는 훌륭한 명상가들을 알고 있다. 우리가 삶을 공유하고 있는 존재들이 우리에게 어떤 의미인지 훌륭한 명상가들이 말해주고 있다. 우리 부모, 아이들, 반려동물들……. 이들은 의심할 바 없이 우리와 강력한 카르마를 공유하고 있다. 우리는 그들과 우리가 과거에 어떤 관계였는지 모른다. 하지만 이 생에서 우리가 할 일은 그들에게 이로운 힘이 되어주는 것이다. 우리와 함께 사는 존재들에게 가능한 한 가장 긍정적인 영향을 주는 것이다. 그리고 필요하다면 과거의 상처들을 치유해주는 것이다. 그리고 깨달음으로 향한 여정을 촉진하는 방법으로 그들의 삶을 지지해주는 것이다. 그리고 우리도 우리만의 길을 열심히 걸어갈 때 다음 생에도 다시 그들을 알아보게 될 것이다. 이것 참 멋지지 않은가?

11장.
불살생 등 동물과 관련한
몇 가지 큰 질문들

진딧물, 바퀴벌레 같은 해충들은 어떻게 해야 할까? 공장식 축산 농장은 어떻게 해야 할까? 식당이나 수족관에 갇혀 있는 물고기들을 풀어주는 '방생'은 좋은 것인가? 채식만이 답인가? 그리고 과거에 동물들에게 잘못한 일을 진정으로 뉘우치는 방법은 없는가? 동물 학대 같은 문제에 우리가 할 수 있는 일은 무엇인가?

이 책은 어떻게 하면 우리 반려동물들이 이 생에서의 영적 여정을 잘 마치고 더 나은 다음 생을 영유하도록 잘 도울 수 있을까에 초점이 맞춰져 있다. 반려동물과 비교하면 다른 동물들의 경우 교감할 기회가 훨씬 적기 때문에 도움을 줄 기회도 그만큼 적을 수밖에 없다.

그럼에도 불구하고 앞에서 살펴보았듯이 동물도 의식을 가진 존재이며 모든 의식적 존재는 행복을 추구하고 고통을 피하려 한다는 점에서 같으므로 그에 수반되는 여러 질문들을 던지지 않을 수 없다. 예를 들어 바퀴벌레 같은 해충들은 어떻게 해야 할까? 공장식 축산 농장은 어떤가? 불교에 따르면 우리 모두 함께 채식만 해야 하나? 그리고 무지로 인해 과거에 다른 존재들에게 결코 잘했다 할 수 없는 일을 했다면 이제 어떻게 해야 하나? 과거의 잘못을 상쇄할 방법은 없을까?

이 장에서는 이런 질문들에 답해보려 한다. 다만 불교를 이해하는 단계에 따라 같은 질문에 여러 다른 답이 나올 수도 있다.

채식만 해야 하나요?

불교는 채식하는 것이 더 좋다고 말하는가? 한마디로 답하면 그렇다. 달라이 라마도 식탁에 동물성 먹을거리를 올리지 않는 것이 깨달음으로 향하는 매우 긍정적인 첫걸음이라고 말한다. 소, 돼지, 양, 닭 모두 우리처럼 의식을 가진 존재들이다. 이들도 자유롭고 안전하게 살고 싶다. 이들도 우리와 똑같이 공포와 고통을 느낀다. 우리가 그들의 살을 먹고 싶다고 해서 그들이 공장식 사육의 원시적인 행태 속에서 어린 나이에 공포를 느끼며 무자비하게 죽어나가는 고통을 거듭거듭 당해도 된다고 누가 말했는가? 또 그런 모습을 우리가 외면해도 된다고 누가 말했는가?

동물들을 해치는 그런 행태를 지금 당장 멈춘다고 해서 돈이 드는 것도 시간이 드는 것도 아니다.

어떤 행동이 좋은지 아닌지 결정하는 척도로 세상 사람이 모두 그 행동을 하면 어떻게 될지 생각해보는 것도 좋은 방법이다. 세상 모든 사람이 채식주의자가 된다면 몇 주 안에 매초 3천 마리 동물들을 죽이는 공장식 사육 산업이 막을 내리게 될 것이다. 그리고 관련자들은 재빨리 채소 위주의 대체 산업에 집중해야 할 것이다.

그러나 고기냐 채소냐의 논쟁은 그렇게 간단하지가 않다. 채식주의자가 먹는 과일, 채소, 곡물들에 뿌려지는 엄청난 양의 살충제도 엄청난 곤충들을 죽이고 있다. 게다가 땅을 개간하면 그곳에 옥수수를 키우든 소를 기르든 자연 서식지는 이미 파괴된 것이다. 그와 함께 셀 수도 없이 많은 의식적 존재들도 파괴된다.

우리가 모두 채식만 한다면 끔찍한 도살은 없어지겠지만 그렇다고 의식적 존재들이 더 이상 죽어나가지 않는 것은 아니다. 오직 20그램 이상 나가는 동물들 혹은 너무 귀엽거나 지능이 명백히 좋은 동물들만 보호하는 것은 의도했든 안 했든 분명 종에 대한 차별이고 크기에 따른 차별이다.

천 마리 곤충과 한 마리 소 중에 어느 쪽을 죽이는 게 더 나을까? 이 주제에 대한 관점들은 다양하고 다양하다. 그리고 그 어느 것도 명확한 답을 주지는 못한다. 안개 속을 헤매는 느낌이다. 분명한 것은 우리가 살려면 다른 존재들이 죽어야 한다는 놀라운 현실뿐이다.

나는 다르마 수업을 위해 길을 떠날 준비를 할 때마다 매번 이 주제를 숙고한다. 그때 지나가야 하는 길이 해마다 그즈음이면 곤충들이 들끓어 길을 지나가는 동안 알게 모르게 수십 마리를 죽이게 되어 있다. 나는 다르마 수업으로 얻을 내면의 발전을 포기하고 집에 머물며 그 대량 살생을 피해야 할까? 그 내면의 발전이 결국에는 깨달음을 부르고 그럼 그 곤충들을 포함한 다른 모든 존재들에게도 도움이 될 텐데도 말인가?

이토록 어려운 문제이다 보니 라마들은 주로 가능한 절제하고 균형을 맞추라는 충고를 한다. 고기를 완전히 끊는 것이 어렵다면 최소한 섭취량을 줄여보자. 마티유 리카르는 자신의 책『동물을 위한 호소(A Plea for the Animals)』에서 사람들이 고기를 먹는 이유가 가만히 보면 보통 도덕적이지 못하다고 썼다. 예를 들어 우리는 맛이 좋아서, 식습관을 바꾸기가 어려워서, 다른 가족들이 먹어서, 육식 동물로 '태어나서', 다른 것은 요리할 줄 몰라서…… 육식을 한다.

요즘은 슈퍼마켓의 채식자를 위한 매대만 가도 고기 대체 식품들이 넘쳐난다. 인간은 잡식종이기 때문에 고기를 먹지 않는다고 해서 크게 문제가 되지는 않는다. 그리고 요즘에는 플렉시테리언(flexitarian: 채식주의 식사를 하지만 경우에 따라서는 육류나 생선도 먹는 사람 - 옮긴이)도 점점 늘고 있고 채식인들이 선택할 메뉴도 다양해졌다.

그러므로 티베트 불교는 이것은 먹고 저것은 먹지 말라는 식의 지시를 내려주는 것이 아니라 우리가 선택한 음식과 여러 생활 방식이 어떤 파장을 부를지를 늘 알아차리라고 당부한다. 과도한 육식을 삼갈 것을 독려하고 그렇게 해서 우리 눈에는 보이지 않는(편리하게도) 공포와 죽음을 피하라고 독려한다. 목소리도 낼 수 없는, 무수히 많은 존재들에게 가해지는 공포와 죽음 말이다. 그리고 무언가를 먹고 마실 때마다 그들의 강요받은 희생을 되새기고 경의를 표하라고 말한다. 무엇을 먹을 때마다 다음과 같은 문장을 떠올리며 반성하는 습관을 들이는 것도 좋다.

"내 몸에 영양을 공급하는 것으로 모든 살아 있는 존재를 위해 가능한 한 빨리, 완전히, 그리고 완벽하게 깨달을 수 있기를. 그리고 나에게 이 음식이 오기까지 죽어야 했던 모든 존재들도 가능한 한 빨리, 완전히, 완벽하게 깨달을 수 있기를."

진딧물, 바퀴벌레 같은 해충들은 어떻게 해야 하나요?

진딧물도 행복하고 싶을 뿐이다. 문제는 그들이 잘 살아갈 때 우리의 장미 봉우리가 파괴된다는 것이다. 여기서 우리는 딜레마에 빠진다.

불교도는 절대 남을 해롭게 하지 않겠다는 이상을 지키려고 한다. 자비심은 불교 전통에서 가장 중요한 덕목이다. 하지만 그만큼 지혜도 중요한 덕목이다. 그래서 종종 이 두 덕목을 동등하게 적용해야 할 때가 있다.

해로운 동물로 인한 피해를 피할 수 있는, 상식에 해당하는 방법이 많다. 개미가 꼬이는 곳에는 음식을 내놓지 말고 장미꽃 봉오리 같은 '공격의 대상이 될 수 있는' 식물에는 해충 방지제 역할을 하는 에센스 오일 스프레이를 뿌려둘 수도 있다.

인터넷에 보면 해충이나 '문제의' 동물들을 오지 못하게 하는, 여러 지속 가능하고 해롭지 않은 방법들이 있으니 문제가 생길 때마다 검색해봄직하다. 예를 들어 양파나 마늘 같은 파속 식물들은 진딧물의 접근을 막아준다. 정원에 새 물그릇, 새집을 두고 새들이 좋아하는 식물들을 심으면 진딧물의 침략도 방지하고 정원 생태계에 균형을 잡기도 좋다.

내가 자주 가는 티베트 불교 센터는 국립공원 바로 옆에 위치해 있는데 덕분에 한 번은 장미화단을 통째로 없애야 했다. 장미꽃을 자꾸 먹어대는 캥거루를 물리칠 방법을 도저히 찾을 수 없었기 때문이다. 캥거루가 딩고(호주 들개-옮긴이)의 오줌을 싫어한다는 건 알았지만 그걸 어디서 구하겠는가! 캥거루는 장미가 사라진 자리에 난 다른 자생식물들에는 별 관심을 보이지 않았다.

이런저런 도구들을 이용해 실험을 해봐야 가장 좋은 방법을 찾게 된다. 일반 가정집이라면 현관문이나 창문에 얇은 천으로 된 커튼을 다는 것만으로도 원치 않는 방문자의 공격을 막을 수 있다. 예를 들어 성냥갑 같은 종이 상자를 현관 앞에 두는 건 어떨까? 그럼 바퀴벌레 같은 것들이 집 안으로 들어오려 할 때 잡아서 내보내는 데(물론 보리심을 되새기면서) 쓸 수도 있다. 바퀴벌레를 잡아 내보내는 일이 끔찍하다고 여겨지면 바퀴벌레의 생명을 보호하는 것으로 당신 삶이 보호받고 더 오래 살 수 있다고 생각하자. 보리심에 의한 행동은 그 힘이 말할 수 없이 커진다. 그러니 한 마리의 바퀴벌레가 얼마나 대단한 기회를 선물하고 있는가!

존재들을 대단위로 파괴해야 하는 일이 불가피할 때도 있다. 예를 들어 나무 집의 토대를 갉아먹는 흰개미들을 발견했을 때가 그렇다. 이럴 때는 보리심의 동기를 다시 불러내고 만트라를 외우는 등의 의식으로 고통을 최소화하는 데 최선을 다해야 한다. 앞 장에서 설명했던, 바르도 상태에 있는 이들에게 이로운 여러 행동들을 하는 것도 좋다.

무슨 일이든 일이 터진 후 수습하는 것보다 미리 방지하는 편이 훨씬 수월하다. 해충이나 유해 동물들도 이들이 찾아올 여지를 처음부터 모두 없애버리는 것이 최선이다.

동물 학대 같은 당면 문제에
우리가 할 수 있는 일은 무엇인가요?

인간 외의 다른 의식적 존재들에게는 붓다가 말한 사성제의 첫 번째 진리, 고제(苦諦, the existence of suffering)의 현실이 더욱더 극명하게 드러나는 것 같다. 동물들은 인간을 포함한 포식자들에게 늘 쫓기는 신세이고 아스팔트 위에서 '로드킬'을 당하는 신세이다. 양과 소들은 트레일러에 실려 항구로 간다. 그리고 좁은 배 안에 갇혀 긴 시간 외국의 도살장으로 끌려간다. 동물을 산 채로 대량으로 수출하는 것은 합법적으로 행해지는 가장 잔인하고 억압적인 학대이고 우리 사회로 향한 고발장이다. 간디가 말했다. 인간 사회는 그 사회가 동물을 어떻게 다루는지에 따라 판단할 수 있다고. 하지만 동물들이 트레일러에 갇혀 학대당하고 결국에는 죽게 되는 모습을 볼 때 우리가 과연 무엇을 할 수 있을까?

자셉 툴쿠 린포체는 트레일러에 실려 가는 동물들의 궁극적인 행복과 빠른 깨달음을 기도하며 관자재보살 만트라인 "옴 마니 반메 훔"을 읊으라고 한다. 동물의 시체를 볼 때도 빨리 깨닫기를 바라며 똑같이 하면 좋다. 이 외에도 돕고는 싶은데 아무것도 할 수 없는 상황에 처하면 언제든 이 만트라를 읊으며 그 대상의 행복과 깨달음을 빌어주자. 동물들은 대체로 직관적이며 텔레파시 능력도 뛰어나므로 우리가 보내는 그런 긍정적인 지지의 메시지가 큰 힘을 발휘할 수 있다.

좀 더 적극적으로 활동하고 싶다면 이런저런 운동단체에 가입할 수 있다. 아니면 최소한 그들의 소셜미디어를 이웃해놓고 지지를 표명해도 좋다. 잔인함과 불공정을 끝내는 일에 참여할 수 있는 방법은 많다. 간단히 '좋아요'를 누를 수도 있고 좀 더 적극적으로는 지역 신문에 투고하고 지방의회 의원들에게 로비 활동을 하거나 지속적으로 기부를 하거나 사람들의 인식을 높이는 활동에 참여할 수도 있다. 그런 의미에서 우리 부부도 동물 자선단체나 조직들을 여럿 후원하고 있다. 특히 동물을 산 채로 수출하는 문제에 관해서라면 나는 누구나 아는 격언을 하나 자주 상기한다. '악이 승리하는 데 필요한 것은 선이 아무것도 하지 않는 것뿐이다.'

**과거에 반려동물(혹은 다른 동물)에게
잘못한 것을 뉘우치고 있어요.
지금이라도 미안한 마음을 전할 방법이 없을까요?**

불교는 죄책감에 대해서는 단호하게 감정 낭비라고 말한다. 과거에

했던 어떤 행동 때문에 후회와 같은 부정적인 감정에 사로잡히는 것은 '나'를 비롯한 누구에게도 도움이 되지 않을뿐더러 그런 상태라면 타고난 능력을 온전히 발휘하며 살기도 어렵게 된다.

후회는 어떤 면에서 유용한 감정이다. 그때 그 생각이나 말, 행동을 하지 않았더라면 더 좋았을 텐데라는 생각이 들면 어떻게든 그 잘못을 만회하려고 노력한다. 그게 불가능하다면 최소한 다음부터는 같은 실수를 반복하지 않겠다고 결심할 것이다.

어릴 때 물고기를 잡았다거나 새에게 돌을 던졌다거나 곤충을 밟아 죽였다거나 하는 폭력 행위를 했고 지금 정말 후회한다면 지금이라도 할 수 있는 일이 있다. 우리가 해쳤던 존재의 마음은 여전히 어딘가에 존재한다. 특히 반려동물의 경우 카르마로 우리와 연결되어 있을 것이다. 당신이 불교도라면 라마는 만트라를 외우는 것 같은, 그 존재를 이롭게 할 행위들에 전념하라고 할 것이다.

동물 자선단체를 지지하는 것과 같은 앞의 질문에 대한 답들도 잘못을 만회하고 후회를 긍정적인 동기와 동력으로 전환하는 실질적인 방법들이다.

그 외에도 할 수 있는 일이 많다. 동물들을 위해 무언가를 할 때마다 그 이로움을 당신이 한때 해쳤던 존재에게로 돌리자. 예를 들어 정원에 있는 새 물통을 잘 살피고 늘 신선한 물로 갈아줄 수 있다. 새들이 먹을 것이 별로 없는 겨울에 먹거리를 걸어두는 것도 좋다. 동물 보호 센터에서 자원봉사를 하거나 유기동물을 위해 임시 집사로 일할 수도 있다. 동네의 거리, 연못 등에 있는 새들이나 야생

동물에게 위험할지도 모를 쓰레기를 제거할 수도 있다.

이와 같은 것들은 이제는 후회해도 어쩔 수 없는 일에 대한 부정적인 감정을 자비의 긍정적인 힘으로 바꾸는 데 도움이 될, 내가 권할 수 있는 작은 의견들일 뿐이다. 이 의견들이 자극이 되어 당신만의 상상력이 그 힘을 발휘하길 바란다.

**불교에서는 레스토랑 수족관에서 흔히 보이는
바닷가재 같은 동물들을 다시 풀어주는 방생이라는
전통이 있다고 들었어요. 방생을 하면 좋은가요?**

일부 불교 문화권에서는 분명 방생을 해왔다. 하지만 방생을 현대에도 옛날 그대로 적용하는 것은 아무래도 문제가 있다. 방생은 동물에게 자유를 주는 자비의 행위로 (이 생 혹은 다음 생에서) 장수와 안전한 삶을 위한 카르마를 만드는 데 그 의미가 있었다.

하지만 집 근처 가까운 중국 식당에 가서 수족관에 살아 있는 바닷가재를 모두 사 들고 와 방생해버린다면, 식당은 단박에 또 다른 바닷가재를 주문해 받을 것이다. 더 많은 바닷가재들이 잡히게 되는 역효과만 낸 것이다.

게다가 그렇게 구조한 바닷가재를 정말로 잘 풀어줄 수 있는가 하는 실질적인 문제도 있다. 바닷가재들이 안전하게 잘 살 수 있는 곳에 합법적으로 잘 풀어줄 수 있을까? 이동하는 동안 바닷가재가 죽지 않게 물의 산소량을 잘 유지할 수 있을까? 등.

아시아에 있는 일부 시장의 노점상들은 불교 축제가 다가오면 미친 듯이 새들을 잡아들인다. 그리고 몰려드는 축제 손님들에게 방생용으로 판매한다. 자비를 실천하고 싶은 마음이 아무리 간절하다고 해도 참으로 기묘한 행태가 아닐 수 없다.

나는 혐오 유발 행동을 끝내는 가장 좋은 방법이 돈을 이용하는 것이라고 생각한다. 학대를 지속하고 다른 사람도 그렇게 하게 만드는 사람들을 위해서는 지갑을 열지 않는 것이다. 바닷가재를 수족관에 두었다가 끓는 물에 집어넣는 것과 동물들을 대거 가둬놓고 죽이는 공장식 사육 중에 어느 쪽이 더 잔인한가도 생각해볼 문제이다.

옳은 일을 찾아가는 것이 그렇게 간단하지만은 않다. 하지만 가끔은 아무런 역효과 없이 동물들을 죽음으로부터 안전하게 구해내는 위치에 서게 될 수도 있고 그럴 때면 도와주는 기쁨을 마음껏 누려도 된다. 이미 잘 알려진 이야기이긴 하지만, 그런 의미에서 다음 이야기가 매우 흥미롭다.

한 남자가 해변을 걸어가며 계속 몸을 구부려 해변에 밀려온 불가사리들을 주워 바다로 던져주었다. 그 남자를 지나가던 사람이 보고 말했다.

"해변은 길고 불가사리는 수백 마리가 넘어요! 그렇게 몇 마리 던져준다고 달라질 거 있나요?"

불가사리를 계속 던지면서 남자가 말했다.

"저 아이는 죽다가 살아난 거잖아요. 저 아이한테는 엄청나게 달라진 거죠!"

겁도 없이 대로를 기어가고 있는 달팽이, 고양이에게 쫓기는 쥐나 도마뱀, 누군가에게 공격을 당해 기절해 있는 새, 이들을 볼 때마다 우리는 누군가의 삶을 보호하고 자비를 실천할 기회를 얻게 된다.

옴 마니 반메 훔!

꿈에 죽은 반려동물이 나타나기도 하고, 어느 때는 내 주위에 있다는 느낌이 듭니다. 왜 그럴까요?

어떤 사람들은 동물의 영혼을 보기도 한다. 한때 사랑했던 죽은 반려동물을 잠깐 보기도 하고 전혀 연관성이 없는 동물을 보기도 한다.

개인적으로 나도 내가 매우 사랑했던 고양이의 영혼이 방 안으로 들어오는 모습을 본 것 같다고 느낀 적이 있다. 일 초나 됐을까? 순간에 벌어진 일이었다. 그때 정말 죽은 내 고양이가 나타났던 걸까?

정직하게 말하면 잘 모르겠지만 그랬을 것도 같다. 그렇게 나타난 이유는 분명치 않았다. 어떤 구체적인 메시지가 전달된 것도 아니었다. 당시 고양이를 특별히 그리워한 것도 아니었다. 어쩌면 그냥 나의 상상이었는지도 모른다. 아니면 좀 재미는 없지만 당시의 빛과 바람의 순간적인 조합이 나로 하여금 내 고양이를 보았다고 착각하게 만들었는지도 모른다.

그렇다고 내가 유령이나 귀신의 존재를 믿지 않는 것은 아니다. 이들의 존재를 부인하기에는 이들을 보았다는 냉철한 사람들의 이야기가 너무도 많기 때문이다. 다만 이들에 대해 성급한 결론을 내리지는 말아야 한다는 생각이다. 우리는 유령에 대해 확실히 알 수 없다. 죽은 이의 영혼이 유령이나 귀신이라고 하지만 다른 어떤 우리가 모르는 존재가, 어떤 좋고 나쁜 이유로 죽은 이의 형상을 하고 나타난 것일 수도 있지 않겠는가?

재생이 확실하다면 (흥미롭게도 죽은 이의 영혼과 대화할 수 있다는 영매들도 재생을 믿는다고 한다.) 죽고 나면 우리 마음이 곧 다른 형태로 다시 태어날 텐데 한편으로 그 똑같은 마음이 길고 짧은 간격을 두고 혹은 때로는 몇 년씩 후에 옛날의 모습으로 다시 나타날 수 있다는 것은 분명히 모순이다. 지금 장난감을 갖고 행복하게 놀고 있는 세 살 난 남자아이가 동시에 개였던 전생의 모습을 하고 자신을 사랑해줬던 반려인에게 유령으로 나타날 수 있을까? 그 반려인이 아이의 아버지라면 그는 그 둘을 동시에 보게 되는 건가?

가장 미세한 수준에서는 에너지가 어떻게 움직이는지 모르는 지금으로서는 "우리가 모르는 것도 있음을 알고 있는 정도"라고밖에 말할 수 없는 듯하다.

우리의 먼 조상들은 동물의 영혼이 나타날 때는 그것이 한때 사랑했던 동물이든 낯선 동물이든 특별한 메시지를 전달하기 위해서라고 믿었다. 특히 자꾸 나타날 때는 확실히 그렇다고 믿었다.

의식이 고요한 상태라면 우리는 예를 들어 홍학 같은 흔히 볼 수 없는 동물을 자꾸 보게 될 수도 있다. 일을 하면서 다루는 도구들에서 그 그림이 나타난다거나 가는 곳마다 보인다거나 하는 것이다. 꿈에 자꾸 나타날 수도 있다. 꼭 대낮에 당신이 앉아 있는 방에 홍학이 걸어 들어오는 것을 '보아야' 하는 것은 아니다.

동물 영혼의 존재를 받아들이고 말고는 중요하지 않다. 동물의 출현을 우리 무의식이 보내는 어떤 상징으로 해석할 수도 있다. 하지만 어느 쪽이든 마음에서 일어나는 현상이란 점에서는 똑같다. 다만 흥미로운 점 하나는 우리 조상들이 이해했던, 동물이 갖고 있는 토템 신앙적 의미가 자연에서 도태된 채 수천 년을 살아온 현재 인류에게는 까맣게 망각되었다는 점이다.

특정 동물을 자꾸 보거나 특정 종과 강한 동질감을 느낀다면 테드 앤드류스나 스코트 알렉산더 킹이 말하는 토템 세상을 한번 들여다보기 바란다. 그럼 당신이 직관적으로 보는 것들의 상징적 의미를 해독할 수도 있고 더불어 인생도 더 풍성해질 것이다.

깨달은 존재 반려동물, 인간의 선함을 일깨우다

나는 반려동물을 사랑하는 사람들이 늘 궁금해하지만 우리 사회가 좀처럼 대답해주지 않는 질문들을 생각하며 이 책을 쓰기 시작했다. 동물들의 마음은 우리의 마음과 어떻게 다른가? 죽음 후 그들의 의식은 어떻게 되는가? 동물과는 어떻게 교감해야 먼 미래에까지 의미 있는 결과를 낳을 수 있을까?

이런 질문들에 대답을 찾는 당신만의 여정에 이 책이 제공한 티베트 불교의 여러 통찰들이 어느 정도 도움이 되기를 바란다.

또한 나는 이 책이 넓게는 우리 사회가 좀 더 깨어나는 데 공헌하기 바란다. 우리는 전례 없는 발견의 시대를 살고 있다. 우리가 찾는 지적인 생명체는 우주의 먼 행성만이 아니라 우리 코앞에도 있다. 한 주가 멀다 하고 이런저런 프로그램과 사례 연구들이 동물들도 그들만의 언어를 쓰고 연민과 자비심을 갖고 있으며, 때로는 인간과는 비교도 할 수 없는 비범한 감각 능력을 가지고 있음을 증명하고 있다.

이런 발견들로 호모 사피엔스가 지구에서 오랫동안 누려왔던 위상이 지금 도전받고 있다. 그리고 이런 발견들 덕분에 불교가 오랫동안 고수해왔던, 동물들도 생각하고 느끼는 의식적 존재라는 입장이 과학적으로 조금씩 증명되고 있다.

이렇게 새 판이 그려지고 있는 가운데 마티유 리카르나 피터 싱 같은 대가들이 그 윤리적 의미까지 명쾌하게 밝혀주었다. 하지만 여기서 중요한 것은 이 모든 발전이 반려동물과 우리에게 구체적으로 어떤 의미를 갖느냐는 것이다. 그래서 그 의미들을 '나오는 말'에서 다시 한 번 정리해보려 한다.

_ 반려동물도 우리처럼 영적 성장 능력을 갖고 있다

육체적 정신적 분명한 차이에도 불구하고 그 속을 들여다보면 우리와 반려동물은 본질적으로 같은 본성과 의식을 갖고 있다. 인간이든 동물이든 모두 행복하고 싶고 고통은 피하고 싶다. 그리고 그렇게 되기 위한 행동양식도 놀랄 정도로 유사하다. 물론 동물은 서로 의사소통할 때 인간처럼 고급 언어를 쓰지는 않는다(그래도 일반적으로 우리가 그들이 필요한 것을 알아차리는 것보다 그들이 우리가 필요로 하는 것을 더 많이 알아차린다). 하지만 그렇다고 열등한 존재는 아니며 도덕성이 없는 것도 아니고 결국에는 버려질 단순한 장난감도 아니다. 점점 더 많은 연구들에서 한때는 인간만이 갖고 있다고 생각했던 성질들이 다른 많은 의식적 존재들도 갖고 있음이 (동물을 사랑하는 사람이라면 벌써부터 당연하게 생각했던 것) 증명되고 있다. 특히 동물들이 동정심, 자비심, 공정함, 이타주의 같은 전통적으로 영적인 삶을 대변하는 성질들을 갖고 있음이 증명되었다.

_ 단순히 함께해주는 것에서 깊은 교감이 시작된다

우리는 반려동물에게 할 말이 참 많다. 하지만 그들에게 그만큼 귀를 기울여주기도 하는가?

자연에서 유리된 채 살고 있는 인간의 마음은 비정상적으로 바쁘다. 너나 할 것 없이 스마트폰과 온라인 미디어를 이용하고 있는 요즘은 그런 현상이 더 극단을 치닫고 있다. 동물들의 고요한 마음은 그들의 정신 능력이 뒤떨어짐을 뜻하는 것이 아니라 자신의 본질에 우리보다 더 가깝게 닿아 있음을 뜻하고, 나아가 우리의 의식에도 닿아 있음을 뜻한다. 우리 인간들에게는 드물게 보이는 텔레파시 능력을 일상적으로 보여주는 등 정신적으로 더 미세한 영역에서 살고 있는 동물들이 많다. 그런 반려동물에게 고요한 환경을 제공해주고 자주 집중해 같이 있어주면 반려동물과의 관계가 심오한 방향으로 극적으로 전환될 것이다.

_ 명상이 강력한 효력을 발휘한다

반려동물과 함께 밀도 있는 시간을 보내며 명상도 같이 한다면 많은 면에서 매우 이롭다. 명상하려고 앉으면 보통 반려동물들은 자석처럼 끌려온다. 동물들은 마음을 고요하게 하려는 우리의 노력에 본능적으로 반응한다. 우리가 의식을 전환하는 순간 우리에게 끌리게 되어 있고 우리를 신뢰하며 안전하다고 느끼게 되어 있다. 명상은 반려동물과의 관계에 있을 법한 어려움도 부드럽게, 하지만 말끔히 해결해주고 원래부터 관계가 좋았다면 관계를 더 깊게 만든다. 명상으로 이사 혹은 가정 내 구성원이 달라지는 것 같은 변화의 시기도 안정적으로 넘길 수 있다.

명상은 치유에도 도움이 된다. '명상(meditation)'은 원래 '온전하게 만든다.'라는 뜻으로 '약(medication)'과 어원이 같다. 명상이 자가 치유를 촉진한다는 의학적 연구들이 많다. 마찬가지로 동물들과 함께 명상할 때 동물들도 자가 치유를 할 수 있다. 동물들은 우리 마음 속으로 들어오는 능력이 있기 때문이다. 반려동물이 아플 때 함께 명상하면 통증 관리가 수월하고 수술 후 회복 속도가 빠르며 부작용도 줄어든다.

_ **반려동물을 만나게 된 것은 우연이 아니다:**
반려동물과 함께하는 삶은 우리에게 내려진 귀한 특권이다.

유년기에 겪게 되는 결정적인 경험들을 시작으로, 계속되는 원인과 결과의 상호작용이 우리의 세계관을 만들어준다고 말한다면 대부분의 사람들은 별 이의를 제기하지 않을 것이다. 불교는 여기에 덧붙여 이 같은 원인과 결과의 상호적 역동성이 생을 넘나들며 일어난다고 본다. 이 점은 반려동물을 사랑하는 우리에게는 여러 가지로 의미가 크다.

우리는 이 존재들과 정말 우연히 이렇게 한 집에서 살게 되었을까? 동물 보호 센터에서 데려왔다는 일반적인 설명에 그치지 않고 좀 더 깊이 들어가 보면 배후에 인과론의 역학이 숨어 있지는 않을까? 지금 같이 살고 있는 반려동물이 전생에 우리에게 매우 중요한 존재였다면 이제 우리는 그때의 고마움에 보답하고 그들이 더 좋은 미래로 향할 수 있게 도울 기회를 갖게 된 것이다. 만트라를 암송하고 명상을 하고 폭력과 공격성에 노출되지 않게 도와주고 매일 보리심을 상기시키는 등 방법은 많다.

인과론이나 카르마가 생을 넘어서까지 작용함을 믿고 싶지 않다면 그것도 좋다. 명상 등의 방법들은 지금 삶 속에서 우리 모두의 행복을 위해서도 더할 나위 없이 좋다.

₋ 반려동물이 아프거나 죽어갈 때 큰 도움을 줄 수 있다

반려동물의 죽음이 임박하면 우리는 충격, 무력감, 상실감에 빠질 수 있다. 하지만 불교는 이 변화의 시기를 완전히 다른 시각으로 본다. 이때가 반려동물이 우리의 도움을 가장 필요로 하는 때라는 것을 알고, 우리의 감정보다는 그들이 필요로 하는 것을 모든 사건의 중심에 놓고 생각하자. 그럼 그 모든 상황들이 뜻밖의 새로운 경험으로 다가올 것이다.

반려동물에게 느끼는 사랑과 헌신의 감정에 의지해 최고의 서비스를 제공하자. 죽어가는 동안과 죽음 후 7주 동안에는 반려동물을 돕겠다는 목적을 분명히 하고 우리 안의 자비심을 모두 꺼내 돌보자. 이때는 반려동물이 그 중요한 전환의 시기를 잘 통과하는 것이 무엇보다 중요하다.

재생은 무한한 가능성을 열어준다

사랑하는 우리 동물 친구들이 돌아올까? 돌아온다면 알아볼 수 있을까? 이미 돌아와서 우리와 함께 살고 있는 건 아닐까? 재생 개념은 분명 매력적이고, 사랑하는 친구들이 다시 돌아올 수도 있다는 희망을 품게 하는, 인간과 동물의 재생을 둘러싼 설득력 있는 이야기들도 꽤 많다.

하지만 그들을 알아볼 초능력이 없는 우리는 지금 이미 존재하는 관계들 속에서 추측만 할 뿐이다. 그러므로 지금 생에 이미 존재하는 관계들 속에서 서로에게 이로운 동력이 될 수 있는 기회를 잘 살피고 그에 맞게 행동하는 것이 더 적절한 태도일 것이다. 지금의 관계 속에서 과거의 상처들을 치유하자. 현재 가장 가까운 존재들의 인생에 가장 긍정적인 영향을 주면 된다. 다음 생까지 이어지는 넓은 시야를 확보한다면 나중에 사랑하는 존재들을 서로에게 더 이롭고 더 상서로운 조건에서 다시 만날 수 있도록 지금 최선을 다하게 될 것이다.

다른 동물들도 반려동물과 전혀 다르지 않다

이 책에서는 주로 반려동물과의 관계에 집중했지만 몸집이 크든 작든 모든 창조물에게는 분명 영적인 삶을 영위할 능력이 있다. 한편으로 공장식 사육을 통한 체계적 동물 착취를 지지하면서 다른 한편으로 자비심을 계발하고자 한다면 그 결심이 과연 얼마나 진정성이 있겠는가? 인간에 의해 동물들이 느낄 무수한 공포를 생각하면 격분과 무력감을 동시에 느낀다. 우리는 과연 무슨 일을 할 수 있을까? 게다가 과거에 동물에게 무자비한 해를 가한 적이 있어 괴롭다면?

불교는 심리적인 도구는 물론 실질적인 방법까지 제공하며 우리의 진정성을 높여준다. 인간 존재의 안녕이 다른 종들의 안녕과 불가피하게 연결되어 있음을 인식하는 것이 이제 세계적인 추세이다. 활동가 기질을 타고났든 사변가 기질을 타고났든, 그 추세에 누구나 각자의 방식으로 공헌할 수 있다.

_ **선물, 그리고 더 좋은 선물**

반려동물을 사랑하는 우리는 그들과 자연스럽게 나누게 되는 사랑과 교감을 매우 소중하게 생각한다. 한밤중에 들리는 고양이의 가르랑대는 소리가 좋고 우리가 얼핏 잠에서 깬 것 같으면 여지없이 다가오는 부드러운 앞발이 좋다. 앵무새는 휙 날아와 우리 어깨에 앉으며 외출했다 돌아오는 우리를 반겨준다. 현관문을 들어설 때 흥분해 꼬리를 흔들며 다가오는 반려견의 모습을 보면 집으로 오는 길 내내 아무리 어려운 문제에 골몰했어도 그 순간만큼은 모든 걱정이 사라진다. 다른 의식적 존재들과 달리 반려동물과 함께라면 우리 자신으로 자연스럽게 살 수 있다. 반려동물은 우리를 있는 그대로 받아주고 순간에 살게 한다. 이것은 훌륭한 선물이다. 게

다가 이들은 이 선물을 끊임없이 주고 또 자주 준다.

그런데 심지어 그보다 더 큰 선물도 준다.

우리 사회가 대단한 집중력을 발휘하며 정치, 부동산 가격, 이 자율 같은 문제들을 철저히 조사하고 그것들에 대해 열정적으로 논쟁하는 모습을 보면 나는 늘 아주 많이 놀라곤 한다. 물론 대단히 중요한 문제들이긴 하지만 결국 우리가 살아 있어야 중요한 문제들이다. 죽어서도 뭔가 유지되는 게 있다면 그때 떠오르는 질문들이 훨씬 더 중요하지 않을까? 죽음 후에도 지속되는 것은 정확하게 무엇인가? 지금 여기에서의 경험이 죽음 후의 경험에 영향을 주는가? 영향을 준다면 어떻게 해야 나와 다른 사람들에게 가장 이로운 결과를 끌어낼 수 있을까? 다른 존재들과의 관계는 어떤가? 지금 이 세상에서 보이는 것이 과연 다일까? 혹시 어떤 더 심오한 역학들이 작동하고 있는 건 아닐까? 같은 질문들 말이다.

일상을 살다 보면 이런 정말로 중요한 질문들을 생각할 기회가 좀처럼 찾아오지 않는다. 그런데 반려동물들이 그런 기회를 준다. 사랑하는 우리 친구들이 불치병에 걸린 모습을 볼 때 '나'에게 절대적으로 의지하고 있는 이 존재에게 일어날 일이 걱정된다. 그리고 죽고 나서도 그들의 일부가 그래도 계속 살아가지 않을까 질문한다. 그리고 죽어가는 그들을 어떻게 하면 최대한 도울 수 있을까 생각한다.

우리로 하여금 이런 질문들을 하게 만드는 반려동물은 어떻게 보면 우리가 소중하게 여기는 인간 친구들보다 더 많은 일을 우리에게 해주는 것이다. 그들의 영성에 대해 질문하면서 우리는 우리의 영성을 생각하게 된다. 보통은 무시해왔던, 혹은 언젠가 시간이 많아질 날까지(그런 날은 절대 오지 않는다) 미뤄왔던 영성에 대한 생각을 이제 더 이상 미룰 수 없게 된다. 우리도 영적인 존재들이니까 말이다.

그런 인식을 하게 만드는 것이 반려동물이라면, 그리고 사랑과 자비심을 계발하게 하고 우리의 보다 고귀한 본성에 맞게 행동하게 만드는 것이 우리 반려동물이라면 그들이 하는 일이 깨달은 존재가 하는 일이 아니고 무엇이겠는가? 이 관계에서 결국에 득을 보는 쪽은 누구인가?!

유사하게, 유기동물 센터에서 개나 고양이를 입양할 때면 비록 우리가 동물을 구조하고 가족이 되어주는 것이지만, 사실은 동물이 우리를 구해준 거라는 말을 듣곤 한다. 동물의 영적인 삶은 우리의 그것과 불가피하게 연결되어 있다. 그러므로 이 책에서 설명한 대로 반려동물의 영적인 발전과 행복에 우리가 해야 할 일이 아주 많다. 반대로 반려동물도 우리에게 더할 수 없이 소중한 선물을 준다. 우리가 가장 친절하고 선한 모습을 드러낼 기회를 끊임없이 주니까 말이다.

깨달음으로 향한 여행에서 우리에게 행복을 주는 최고의 동반자는 누구인가? 그 동반자는 어쩌면 우리 무릎이나 어깨에 앉아 있거나 입에 리드 줄을 물고 현관에 서 있을지도 모르겠다. 거부할 수 없는 간절한 눈빛을 한 채 말이다.

용어 해설

바르도(bardo)	죽음과 재생 사이의 과도기 존재 혹은 중간 존재
보리심(bodhichitta)	'깨달은 마음'이라는 뜻이지만 모든 살아 있는 존재를 고통에서 벗어나게 하기 위해 깨닫겠다는 열망을 뜻한다.
보살(bodhisattva)	모든 살아 있는 존재를 고통에서 벗어나게 하기 위해 깨닫고자 하는 사람
붓다(Buddha)	'깨달은 자'라는 뜻으로 온전히 이해하고 깨달은 존재
연기(Dependent Arising)	모든 인간과 물건이 오직 다른 요소들에 의존해서 존재한다는 개념
다르마(Dharma)	붓다의 가르침, 법 혹은 교리
깨달음(enlightenment)	마음이 한없고 편재(遍在)하고 자비로우며 궁극적으로 개념을 초월한, 진정한 본성을 깨달은 상태
구루(guru)	수행의 길을 같이 가는 친구
카르마(karma)	원래 '행위' 혹은 '행동'이라는 뜻이지만 '반응으로서의 행동'을 암시하고, 인과 혹은 연기 개념을 뜻하기도 한다.
만트라(mantra)	문자 그대로의 뜻은 '마음 보호'이다. 실제로는 명상 시 외우는 소리들의 집합체이다. 원하는 결과에 따라 그때그때 다른 명상을 하고 다른 만트라를 외운다.
열반(nirvana)	문자 그대로의 뜻은 잘못된 자아 감각을 "불을 끄듯이 꺼서 없앤다."라는 뜻이다. 일반적으로는 윤회의 고리에서 벗어남을 뜻한다.
윤회(samsara)	카르마와 망상에 고통받는 마음을 뜻한다. 잘못된 자아 감각에 집착하며 생로병사의 우주적 순환을 지속하는 것이 이 마음이다.
상가(Sangha)	불교 비구, 비구니들로 이루어진 공동체이다. 서양에서는 계를 받지 않은 수행자를 레이 상가(lay snagha)라고 부르기도 한다.
탄트라(tantra)	티베트 불교에서 입문 후에만 배울 수 있는 고급 과정의 가르침
툴쿠(tulky)	환생했음이 입증된 라마, 다른 존재들이 깨닫도록 돕기 위해 자발적으로 다시 태어난 존재

주(註)

들어가는 말

- **1** Francis Crick, *The Astonishing Hypothesis: The scientific search for the soul*, Scribner, New York, 1994, p. 3.
- **2** http://escholarship.org/uc/item/8sx4s79c#page-8, accessed 10 February 2016.
- **3** Carl Safina, *Beyond Words: What animals think and feel*, Henry Holt & Company LLC, New York, 2015, p. 69.
- **4** Linda Bender, *Animal Wisdom: Learning from the spiritual lives of animals*, North Atlantic Books, Berkeley, CA, 2014, pp. 28-9.
- **5** Rupert Sheldrake, *The Sense of Being Stared At: And other aspects of the extended mind*, Arrow Books, London, 2004, p. 85.

1장

- **1** Carl Safina, *Beyond Words: What animals think and feel*, Henry Holt & Company LLC, New York, 2015, p. 169.
- **2** http://www.dailymail.co.uk/news/article-3501272/Your-dog-read-mind-knows-think-people.html, accessed 21 March 2016.
- **3** https://www.psychologytoday.com/blog/canine-corner/201206/canineempathy-your-dog-really-does-care-if-you-are-unhappy, accessed 21 March 2016.
- **4** http://www.thetimes.co.uk/article/dog-breaks-window-to-get-help-for-ill-owner-rpfv60v2n, accessed 4 October 2016.
- **5** abcnews.go.com/US/rescued-dog-saves-sleeping-family-fire/story?id=26021233, accessed 23 November 2016.
- **6** Rupert Sheldrake, *The Sense of Being Stared At: And other aspects of the extended mind*, Arrow Books, London, 2004, p. 83.
- **7** https://en.wikipedia.org/wiki/Bubastis, accessed 14 March 2016.
- **8** www.medicalnewstoday.com/articles/98432.php, accessed 14 March 2017.
- **9** John Bradshaw, *Cat Sense: How the new feline science can make you a better friend*, Penguin Books, London, 2013, p. 64.
- **10** http://www.npr.org/sections/13.7/2015/01/22/379008858/ mind-your-moods-cat-owners, accessed 22 March 2016.

•11 John Bradshaw, *Cat Sense*, p. 234.

•12 http://pubpages.unh.edu/~jel/Descartes.html, accessed 16 March 2016.

•13 Carl Safina, *Beyond Words*, p. 81.

2장

•1 http://www.scientificamerican.com/article/what-are-dogs-saying-when-they-bark/, accessed 23 March 2016. Brian Hare and Vanessa Woods, *The Genius of Dogs: How dogs are smarter than you think*, Dutton Adult, New York, 2013.

•2 Carl Safina, *Beyond Words: What animals think and feel*, Henry Holt & Company LLC, New York, 2015, p. 67.

•3 Carl Safina, *Beyond Words*, p. 93.

•4 Carl Safina, *Beyond Words*, p. 291.

•5 http://www.nytimes.com/2007/09/11/science/11parrot.html?_r=0, accessed 16 March 2016.

•6 Irene M. Pepperberg, *Alex & Me: How a scientist and a parrot discovered a hidden world of animal intelligence-and formed a deep bond in the process*, Scribe Publications Pry Ltd, Melbourne, 2009, p. 214.

•7 Rupert Sheldrake, *Dogs That Know When Their Owners Are Coming Home*, Broadway Books, New York, 2011.

•8 www.mind-energy.net/archives/628-A-short-video-of-the-psychic-parrot-NKisi.html

•9 http://pulptastic.com/lulu-the-pig/, accessed 23 November 2016.

•10 Frans de Waal, *The Bonobo and The Atheist: In search of humanism among the primates*, W.W. Norton & Company Ltd, New York, 2015, p. 17.

•11 chicago.cbslocal.com/2011/08/16/15-years-ago-today-gorilla-rescues-boy-who-fell-in-ape-pit/

•12 https://www.facebook.com/raju.sa.790/videos/582184275216295/, accessed 18 March 2016.

•13 http://www.livescience.com/17378-rats-show-empathy.html, accessed 18 March 2016.

•14 http://www.telegraph.eo.uk/news/2016/06/07/fish-can-recognise-human-faces/, accessed 9 June 2016.

- **15** https://www.psychologytoday.com/blog/animal-emotions/201406/fish-are-sentient-and-emotional-beings-and-clearly-feel-pain, accessed 9 June 2016.
- **16** Victoria Braithwaite, *Do Fish Feel Pain?*, Oxford University Press, Oxford, 2010, p. 153.
- **17** Albert Einstein, *The Expanded Quotable Einstein*, Alice Calaprice (ed.), Princeton University Press, Princeton, NJ, 2000, p. 316.
- **18** His Holiness Dalai Lama XIV, *The Dalai Lama: A policy of kindness*, Snow Lion Publications, Ithaca, New York, 1990, p. 112.
- **19** The Cambridge Declaration on Consciousness was written by Philip Low and edited by Jaak Panksepp, Diana Reiss, David Edelman, Bruno Van Swinderen, Philip Low and Christof Koch.
- **20** Laurens van der Post, *The Lost World of the Kalahari*, Vintage, London, 2002, p. 236.
- **21** A.P. Elkin, *Aboriginal Men of High Degree: Initiation and sorcery in the world's oldest tradition*, Inner Traditions, Vermont, 1993.

4장

- **1** http://news.harvard.edu/gazette/story/2010/11/wandering-mind-not-a-happy-mind/, accessed 20 March 2016.
- **2** Translated and reproduced with kind permission of Keith Dowman, verse from *Tilopa's Mahamudra Instruction to Naropa in Twenty-eight Verses*.
- **3** Julian F. Pas, *The Wisdom of the Tao*, Oneworld Publications, Oxford, 2000, p. 206, attributed co Liezi 2: 'The Yellow Emperor', translated by A.C. Graham, p. 55.

5장

- **1** http://www.takepart.com/article/2013/05/16/can-dolphins-detect-cancer-in-humans, accessed 5 April 2016.
- **2** https://www.dogsforgood.org/how-we-help/assistance-dog/autism-assistance-dogs-children/, accessed 30 December 2016.

6장

•1 http://www.dogmeditation.com/purchaseinfo.html, accessed 7 April 2015.

7장

•1 Geshe Acharya Thubten Loden, *Path to Enlightenment in Tibetan Buddhism*, Tushita Publications, Melbourne, 1993, p. 367,

•2 Geshe Acharya Thubten Loden, *Path to Enlightenment in Tibetan Buddhism*, p. 367.

•3 E.H. Johnston, Asvaghosa's *Buddhacarita or Acts of the Buddha*. Complete Sanskrit text with English translation. Motilal Banarsidass Publishers Limited, Delhi, India, 1995 reprint.

•4 His Holiness Dalai Lama XIV, *A Flash of Lightning in the Dark of Night*, Shambhala Publications Inc., Boston, MA, 1994, p. 18.

•5 From Acharya Zasep Tulku Rinpoche, *Tara in the Palm of Your Hand: A guide to the practice of the twenty-one Taras*, Wind Horse Press, Nelson, 2013, p. 11.

8장

•1 B.H. Lipton, *The Biology of Belief Unleashing the power of consciousness, matter and miracles*, Hay House, Carslbad, CA, 2008, p. 32.

•2 Thorwald Dethlefsen and Ruediger Dahlke, *The Healing Power of Illness: The meaning of symptoms and how to interpret them*, Element Books Ltd, Dorset, 1990, p. 13.

•3 David Michie, *Why Mindfulness Is Better Than Chocolate: Your guide to inner peace, enhanced focus and deep happiness*, Allen & Unwin, Sydney, 2014, pp. 265–8.

•4 http://www.cancerresearchuk.org/about-cancer/cancers-in-general/ treatment/complementary-alternative/therapies/meditation, accessed 13 June 2016.

9장

•1 Professor Richard Gregory, 'Brainy Mind', www.richardgregory.org/papers/brainy_mind/brainy-mind.htm, accessed 7 May 2016 (originally published in the *British Medical Journal*, 1998, vol. 317, pp. 1693-5).

•2 Thomas J. McFarlane (ed.), *Einstein and Buddha: The parallel sayings*, Ulysses Press, Berkeley, CA, 2002, p. 64.

•3 www.iaahpc.org/about/what-is-animal-hospice.html/

•4 Tulku Thondup, *Peaceful Death, Joyful Rebirth: A Tibetan Buddhist guidebook*, Shambhala Publications Inc., Boston, MA, 2006, p. 20.

•5 Tulku Thondup, *Peaceful Death, Joyful Rebirth*, p. 20.

10장

•1 Geshe Acharya Thubten Loden, *Path to Enlightenment in Tibetan Buddhism*, Tushita Publications, Melbourne, 1993, p. 401.

•2 http://www.dimattinacoffee.com.au/blog/entry/gino_reincarnated, accessed 4 October 2016.

•3 http://reluctant-messenger.com/reincarnation-proof.htm, accessed 18 May 2016.

감사의 말

내 책을 구입해준 모든 독자들에게 제일 먼저 감사한다. 독자들의 지지가 있기에 나는 계속 책을 쓸 수 있다.

브라이트해븐의 창립자 게일 포프, 애니멀 레이키 소스의 창립자 캐슬린 프라사드, 파우저 HQ의 창립자 캐롤린 트레더웨이, 홀스 호리존스의 창립자 멜 킨에게 고마운 마음을 전한다. 이들이 보여준 지혜와 지지에 진심으로 감사한다. 알아차림에 기반하는 이들의 실질적인 경험들은 그 하나하나가 세상의 많은 사람에게 계속해서 영감의 원천이 되고 있다.

반려동물에 대한 흥미진진한 이야기들을 공유해준 독자들에게 진심으로 고마운 마음을 전한다. 특히 이 책에 자신의 이야기를 싣도록 허락해준, 레아 발디노, 노엘린 볼턴, 마크요리네 데 그루트, 레베카 하트만, 제인 존슨, 살린 조제프, 벨린다 주버트, 헬렌 로즈, 주디 샘슨-홉슨, 알렌 윌슨에게 진심으로 감사한다. 이들 외에도 많은 사람이 글을 보내주었고, 그중에는 길고 감동적인 이야기도 많았다. 그 이야기들을 모두 나누고 싶었지만 지면이 한정된 관계로 그럴 수 없음이 매우 아쉬웠다.

키스 도우만은 마음의 본성에 대한, 틸로파의 월등히 아름답고 명석하기 그지없는 노래를 영어로 번역해주었고 친절하게도 그 번역의 인용까지 허락해주었다. 이 자리를 빌려 다시 한 번 감사의 마음을 전한다. 그리고 샨티데바의 노래를 아름답게 번역해주고 인용까지 허락해준 스테판 배츨러에게도 진심으로 감사한다.

살면서 지금까지 나를 행복하게 해준 나의 반려동물들에게도 감사의 마음을 전한다. 나를 있는 그대로 받아주고 따뜻한 우정을 나눠준 이 동물들이 있었기에 동물의 의식에 대한 내 나름의 소중한 경험들을 할 수 있었다. 그리고 주변 사람들에게도 우리와 삶을 공유하고 있는 다른 많은 존재들에 대한 인식을 바꿀 것을 열심히 권하게 되었다.

나는 친구나 가족에게 별명을 지어주는 습관이 있다. 그중에서도 내가 가장 칭송하는 사람은 동물 별명을 갖게 된다. 사랑하는 아내 코알라(우리는 런던에 살 때 만났다. 나는 아프리카 출신이고 아내는 호주 출신이다.)는 내 집필 작업에 늘 전폭적인 지지를 보내준다. 이 책도 아내의 애정 어린 격려 덕분에 세상에 나올 수 있었다.

레스 쉬이에게는 무슨 말로도 감사의 마음을 다 전하지 못할 듯하다. 레스 쉬이는 퍼스에 위치한 티베탄 부디스트 소사이어트의 책임자이자 자비심의 지혜를 늘 실천하는 사람이다. 티베탄 부디스트 소사이어트의 창단자인 게셰 아차리야 툽텐 로덴에게도 감사한다. 뛰어나기가 비할 사람이 없는 게셰는 우리 소사이어트에서 가르침의 기본이 되는 책들을 써주었고, 이 책들이 없었다면 나 또한 다르마에 대한 책을 쓸 엄두조차 내지 못했을 것이다.

이 책을 막 준비하고 있을 때 비범하기 이를 데 없는, 내 존경하는 구루이자 요기인 아차리야 자셉 툴쿠 린포체께서 따뜻한 격려의 말씀을 해주었다. 그리고 이 책에 추천의 말까지 써주었다. 자셉 린포체가 보내준 지지가 말할 수 없이 크다.

나의
반려동물도
나처럼
행복할까

2019년 4월 12일 초판 1쇄 발행
2020년 3월 18일 초판 2쇄 발행

지은이 데이비드 미치 • 옮긴이 추미란
발행인 박상근(至弘) • 편집인 류지호 • 상무 양동민 • 편집이사 김선경
책임편집 김선경 • 편집 이상근, 김재호, 양민호, 김소영 • 표지일러스트 이은혜
디자인 쿠담디자인 • 제작 김명환 • 마케팅 김대현, 정승채, 이선호 • 관리 윤정안
펴낸 곳 불광출판사 (03150) 서울시 종로구 우정국로 45-13, 3층
        대표전화 02) 420-3200 편집부 02) 420-3300 팩시밀리 02) 420-3400
        출판등록 제300-2009-130호(1979. 10. 10.)

ISBN 978-89-7479-664-8 (03490)

값 16,000원

이 도서의 국립중앙도서관 출판예정도서목록(CIP)은
서지정보유통지원시스템 홈페이지(http://seoji.nl.go.kr)와
국가자료종합목록 구축시스템(http://kolis-net.nl.go.kr)에서 이용하실 수 있습니다.
(CIP제어번호: CIP2019012674)